HISTOIRE

DE LA

MÉDECINE VÉTÉRINAIRE

PAR

L. MOULÉ

VÉTÉRINAIRE DÉLÉGUÉ DU DÉPARTEMENT DE LA SEINE
CONTRÔLEUR DE SECTEUR HONORAIRE

TROISIÈME PÉRIODE

Histoire de la Médecine Vétérinaire dans les Temps Modernes

PREMIER FASCICULE

La Médecine Vétérinaire au XVIe Siècle

EXTRAIT DU " BULLETIN DE LA SOCIÉTÉ CENTRALE DE MÉDECINE VÉTÉRINAIRE "

PARIS

ASSELIN ET HOUZEAU, ÉDITEURS

LIBRAIRES DE LA SOCIÉTÉ CENTRALE DE MÉDECINE VÉTÉRINAIRE

PLACE DE L'ÉCOLE-DE-MÉDECINE

1911

HISTOIRE

DE LA

MÉDECINE VÉTÉRINAIRE

HISTOIRE

DE LA

MÉDECINE VÉTÉRINAIRE

PAR

L. MOULÉ

VÉTÉRINAIRE DÉLÉGUÉ DU DÉPARTEMENT DE LA SEINE
CONTRÔLEUR DE SECTEUR HONORAIRE

TROISIÈME PÉRIODE

Histoire de la Médecine Vétérinaire dans les Temps Modernes

PREMIER FASCICULE

La Médecine Vétérinaire au XVIᵉ Siècle

EXTRAIT DU " BULLETIN DE LA SOCIÉTÉ CENTRALE DE MÉDECINE VÉTÉRINAIRE

PARIS

ASSELIN ET HOUZEAU, ÉDITEURS

LIBRAIRES DE LA SOCIÉTÉ CENTRALE DE MÉDECINE VÉTÉRINAIRE
PLACE DE L'ÉCOLE-DE-MÉDECINE

1911

HISTOIRE DE LA MÉDECINE VÉTÉRINAIRE

PAR

L. MOULÉ

Vétérinaire délégué du département de la Seine,
Contrôleur de secteur honoraire.

TROISIÈME PÉRIODE

TEMPS MODERNES

PREMIÈRE PARTIE

Seizième siècle

Un assez long espace de temps s'est écoulé depuis la publication de la partie de mon *Histoire de la médecine vétérinaire* relative au moyen âge (1900) (1). C'est que, pendant huit années, j'ai dû interrompre mes recherches pour accumuler les matériaux nécessaires à l'édification de l'*Histoire de l'École d'Alfort* (2), en collaboration avec M. le professeur Railliet. Mais cet arrêt prolongé n'aura pas été complètement perdu pour la suite de mes études, car l'*Histoire d'Alfort*, passant en revue tous les faits écoulés depuis la fondation des Écoles jusqu'à nos jours, sera le complément obligé de mon *Histoire*.

Aujourd'hui j'aborde la subdivision fictive qu'on est convenu d'appeler les temps modernes, s'étendant du commencement du XVIᵉ siècle à la fin du XVIIIᵉ. Pour des convenances personnelles, au lieu de traiter

---

(1) *Fascicules publiés* : Histoire de la médecine vétérinaire dans l'antiquité (*Bulletin de la Société centrale de médecine vétérinaire*, années 1890, 1891).
Histoire de la médecine vétérinaire chez les Arabes (*Ibid.*, années 1895, 1896).
Histoire de la médecine vétérinaire au moyen âge (*Ibid.*, années 1899, 1900).
(2) A. RAILLIET et L. MOULÉ, *Histoire de l'École d'Alfort*. Paris, Asselin et Houzeau, xx-829 p. in-4°, 1908.

cette période dans son ensemble, je la diviserai par siècles. Du reste, toutes ces divisions de l'histoire étant purement arbitraires, j'aurais pu tout aussi bien en adopter une autre qui aurait mieux convenu à l'évolution de notre profession.

Ainsi la partie dite de l'antiquité pourrait être facilement remplacée par la période des *Hippiatres*, époque correspondant au premier stade de la Vétérinaire, où des hommes spéciaux, des ἱππιατροί, des *veterinarii*, donnaient, non sans un certain talent, leurs soins aux animaux domestiques.

La période des *Maréchaux* correspondrait au moyen âge, période d'obscurantisme, pendant laquelle notre médecine, exclusivement entre les mains des *Marescalci*, s'effondra dans des prescriptions bizarres sous un amas de formules magiques les plus incroyables.

La période des temps modernes serait celle des *Écuyers*, qui marqua un relèvement très prononcé de la Vétérinaire, étudiée par les maîtres de l'Équitation, dont plusieurs possédaient un réel talent. Elle s'annonça au début par un essai de renaissance, une tentative de retour aux leçons de l'antiquité, qui n'eurent du reste que peu d'action sur l'évolution scientifique de notre profession.

Enfin, à la période dite contemporaine pourrait se rattacher la Vétérinaire actuelle, depuis la fondation des Écoles jusqu'à nos jours.

Au moment de reprendre cette étude, je me sens effrayé de la tâche qui m'incombe. C'est que le latin qui, avant le xvi siècle, était presque exclusivement employé pour la rédaction des travaux scientifiques et littéraires, disparaît peu à peu pour faire place à un idiome vulgaire d'une compréhension parfois lente et pénible. D'un autre côté, non seulement la diffusion des langues, mais encore l'abondance des matériaux imprimés, rendaient mes recherches extrêmement difficiles, sinon même impossibles. Aussi, tout en m'efforçant d'étudier le plus consciencieusement possible l'évolution de la Vétérinaire à l'étranger, n'ai-je pas la prétention d'avoir dit le dernier mot sur ce sujet.

LIVRE PREMIER

I

La médecine vétérinaire en Allemagne.

Pendant longtemps encore, dit Heusinger (I, p. 54), en Allemagne, les incantations, les formules magiques restèrent en vigueur pour le traitement des maladies des bestiaux. Jusque bien après le moyen âge, la crédulité populaire se fiait aux sorciers (*bilwitz, bihlweisen*), à la vertu magique des herbes. On trouve encore au xvie siècle des incantations contre les maladies des chevaux : le *hünschi* ou charbon, désigné encore sous ce nom en Suisse, dans le langage populaire ; le *buil*, probablement le farcin ; le *dries*, les glandes gourmeuses ; le *knopf*, la fascination ; le *blatt*, tumeur sous la langue ; le *gesperr*, probablement la pousse ; le *wild bluot*, le *harnwinde*, la dysurie ; le *wilde schoss, markhs, dropff*, analogue au lombago, etc., etc.

Schmutzer (1) mentionne quelques formules anciennes, bien certainement encore en vigueur chez les paysans du xvie siècle : *tiersegen* ou conjurations pour protéger les troupeaux. Un des plus vieux monuments de la langue allemande, du xie siècle, *Merseburger Zaubersprüche*, contient une formule ou prière pour guérir la luxation du pied chez le cheval, reproduite en haut-allemand dans Peters (2). Cette formule, empreinte du plus pur paganisme, est ainsi conçue : « Phol et Wodan vont au bois. Là ils trouvent le poulain de Balder ayant le pied luxé. Là conjura Sinthgunt, Sunna sa sœur ; là pria Wodan autant qu'il pouvait, en allongeant la jambe du cheval, en lui tirant du sang, en massant le membre malade, et en récitant cette formule : Jambe pour jambe, sang pour sang, articulation pour articulation... »

Dans le manuscrit de Merseburg on trouve aussi différentes prières teintées de christianisme : messe, bénédiction du sel pour conjurer la peste des bestiaux. Une des plus vieilles formules chrétiennes date de l'an 900. Elle était employée concurremment avec la saignée à l'oreille, contre la morve, dite : *spurihalz, spurihaz, spurihaiz, spurholz, spurhalz.*

Dans un manuscrit du xiie siècle, Schmutzer a trouvé plusieurs formules ou prières à chuchoter dans l'oreille gauche ou droite du cheval atteint de *rehe, rehin, rachin, errehet*, qu'il suppose être la paralysie ; à réciter contre le *uberbein*, avec signes de croix, trois pater, et apposition sur le mal d'un morceau de bois provenant d'une haie ; contre une maladie contagieuse du cheval, désignée sous le nom de *morth*, etc.

La croyance aux sorciers (*bihlweisen*) aurait été presque générale encore au xviie siècle. En 1590, Michael Bapst publiait un livre de sorcellerie et de magie à l'usage de l'homme et des animaux. Colerus mentionnait encore de ces billevesées dans son *Économie rurale* de 1559. Plus tard, la crédulité populaire eut recours à l'intercession des saints,

---

(1) *Berliner tierartzliche Wochenschrift*, 27 avril 1905, p. 299.
(2) PETERS, *Der Arzt und die Heilkunde in der deutschen Vorgangenheit*, troisième volume des *Monographien zur deutschen Kulturgeschichte*.

dont les plus recherchés furent saint Job, saint Éloy, saint Magnus.

Il y eut cependant de bonne heure une production abondante pour l'époque d'ouvrages traitant des maladies des animaux. Heusinger estime que ces premiers essais ne contiennent que des remèdes bizarres souvent obscènes et le plus souvent superstitieux. Pendant le moyen âge, l'Allemagne resta tributaire des traités d'hippiatrie ou d'équitation parus en Italie. Mais vers la fin du xvie siècle furent publiés en langue allemande plusieurs traités vétérinaires, inspirés en grande partie des auteurs de l'antiquité ou de l'Italie. Les traités véritablement originaux ne sont pour la plupart que des formulaires par trop concis et sans grande valeur.

Voici, par ordre chronologique, la liste, bien incomplète sans doute, des publications relatives à la vétérinaire parues en Allemagne pendant cette période.

1500.	ANONYME,	*Formulaire thérapeutique.*
1531.	—	*Traité d'hippiatrique, d'élevage et dressage du cheval.*
1533.	BRUNFELS,	*Formulaire thérapeutique pour les hommes et les animaux.*
1539.	CAMERARIUS,	*Traité d'équitation d'après Xénophon.*
1550.	ANONYME,	*Hippiatrique d'après les auteurs de l'antiquité.*
1555.	—	
1560-1563.	—	*Formulaire thérapeutique.*
1566.	VEITH TUFFT,	*Traduction de Grisone.*
1570.	FAYSER,	—
1571.	ANONYME,	*Traité de pathologie.*
1573.	KOYTER,	*Anatomie comparée.*
1577.	DE BRUYN,	*Reproduction de modèles de chevaux.*
1577.	CAMERARIUS,	*Économie rurale, d'après les Géoponiques.*
1578.	FUGGER,	*Élevage du cheval de guerre.*
1584.	FUGGER,	*Description de mors.*
1583.	ANONYME,	*Traité d'hippiatrie.*
1588.	LŒHNEIZEN,	*Description de mors.*
1588.	FUGGER ET SEUTER,	*Formulaire thérapeutique.*
1590.	BAPST,	*Traité de sorcellerie et de magie.*
1593.	REUSCHLEIN,	*Traité d'hippiatrique.*
1597.	COLERUS,	*Économie rurale.*

En dehors de ces publications, nous mentionnerons des réimpressions d'ouvrages antérieurs ; des traductions de Crescens en 1512 ; de Végèce en 1532 et 1565, sous le titre suivant

Flavij Vegetij Renati. Von rechter und wahrhafter Kunst der Artzney, allerlei Krankheiten und Schäden der Tiere, als Pferd, Esel, Ochsen, Maultier, etc., zu heylen.
Frankfurt a. M., in-4°, 1565.
Augspurg, in-4°, 1532.

BAPST.

Postolka (p. 169) signale Michael Bapst de Rochlitz comme ayant composé un traité de sorcellerie et de magie, au moyen duquel on pouvait guérir les hommes et les animaux malades.

Kunst und Wunderbuch, wie Menschen und Vieh geholfen werden kann, 1590.

BRUNFELS.

D'après Amoreux (2ᵉ lettre, p. 23), Orthon Brunfelt, médecin allemand, aurait écrit un traité contenant des formules pour toutes les maladies s'attaquant tant aux hommes qu'aux animaux.

Iatron medicamentorum simplicium continens remedia omnium morborum qui tam hominibus quam pecudibus accidere possunt, in libros IV, digestum. Argentorati. in-8°, 1533.

Il est probable qu'il s'agit d'Othon Brunfels, dont le catalogue Huzard (t. III, n° 58) cite un traité de médecine : *Onomasticon Medicinæ.* Argentorati, Schrottus, in-fol., 1534.

Postolka (p. 148) dit qu'Otho Brunfels mourut à Mayence en 1534. Il le considère comme ayant, un des premiers en Allemagne, fait des reproductions fidèles des plantes.

CAMERARIUS.

Joachim Camerarius vivait, d'après Postolka (p. 168), de 1500 à 1574. Heusinger fixe l'époque de sa vie de 1534 à 1598, mais il est plus que probable qu'il l'a confondu avec son fils, car il le traite de savant médecin. En effet, Amoreux lui donne pour fils Johannes Rudolphi Camerarius, médecin et botaniste à Bamberg (Bavière), qui aurait tenu de son père un goût très prononcé pour les chevaux. Il aimait fort à les soigner, et ses écuries en étaient abondamment pourvues, car ses malades savaient ne pouvoir mieux le récompenser de ses soins qu'en lui faisant présent d'un bon cheval (2ᵉ lettre, p. 24, n° 50). Peut-être trouverait-on trace de cette sollicitude pour l'espèce chevaline dans un travail médical qu'il fit paraître sous ce titre : *Sylloges memorabilium Medicinæ et mirabilium Naturæ Arcanorum Centuriæ XX. Editio altera, emendata et quatuor centuriis postumis aucta.* Tubingæ, Cotta, 1 tome en 2 vol., in-8, 1683.

Le véritable nom de Camerarius le père, qui seul doit nous occuper, était Liebhard ; mais, ses ancêtres ayant possédé la charge de camérier ou chambellan auprès de l'évêque de Bamberg, le surnom lui en resta. Il fit paraître, en 1539, un livre sur le cheval, comprenant une traduction latine du traité d'équitation de Xénophon et une œuvre personnelle, résumé de tout ce que les Grecs et les Latins avaient écrit sur le cheval.

On le cite aussi comme auteur d'un traité d'économie rurale probablement extrait des Géoponiques et des agronomes latins. Voici les titres de ces deux ouvrages :

1° De tractandis Equis, sive Ἱπποχμικός.
Conversio libelli Xenophontis de Re equestri in latinum. Historia Rei nummariae, sive de Numismatis Græcorum et Latinorum, Tubingæ, Ulrichus Morhardus, 1539, in-4°.

On connaît deux autres éditions, avec chacune un titre quelque peu différent :

Lipsiae, in officina Valentini Papae, pet. in-8, 1543.
—   —   —   —   —   1556.

Amoreux signale l' « Hippocomicus » comme ayant été inséré dans le onzième volume du Recueil de Gronovius, p. 813 à 856 : *Thesaurum græcarum antiquitatum*. Venetiis, in-fol., 1737.

2° De re rustica, opuscula nonnulla, lectu cum jucunda, tum utilia, jam primum partim composita, partim edita a. D. Joachimo ,I. F. Camerario.
Noribergae, pet. in-4, 1577.
—   Kaufmann, pet. in-8, 1596.

<h3 style="text-align:center">COLERUS.</h3>

Joanne Colerus, né à Goldberg, en Silésie, mourut en 1639. Il écrivit, vers 1599, un traité d'économie rurale et domestique, en quatre livres, dans lequel se trouvent en appendice, dans les premières éditions, plusieurs chapitres sur l'élevage et le traitement des animaux domestiques. D'après Heusinger, ses préceptes seraient en grande partie extraits de l'Hippiatrica, de Crescens et de Camerarius, ce qui ne l'empêche pas d'ajouter (I, p. 54) que Colerus a joui, pendant plus d'un siècle, d'une très grande autorité en économie rurale.

Œconomia ruralis et domestica, darin das ganze Amt aller Hausväter, Hausmütter, beständiges und allgemeines Hausbuch, von Haushalten, Wein-, Acker-, Garten-, Blumen-, und Feldbau, auch Wild, und Vogelfang, Waidwerck, Fischerei, Viehzucht. Von allerlei schönen Medicamenten, von schwangern Weibern, Astrologie, Traumbuch, etc.
(Économie rurale et domestique, ou manuel domestique général et spécial, concernant toutes les obligations des pères et mères de famille, touchant la direction de la maison, l'agriculture, la culture de la vigne, des jardins, des fleurs, des champs, la chasse, l'oisellerie, la pêche, l'élevage du bétail, et traitant en outre des meilleurs remèdes, de l'astrologie, de l'interprétation des songes.)
Francfurt a. M., 1692, 2 tomes en 1 vol. in-fol., avec figures.

Graesse mentionne des éditions antérieures, celles de 1645, 1656, et ajoute que cet ouvrage a paru aussi sous le titre de : *Ein fortwährender Kalender aus sehr Nothwendige u. gantz nützliche Hausbücher*. Wittenb., 1627 (*sic*), in-fol. (1186 p.), 1600, 1604, 1620, 1640.

Mais il y a eu bien certainement des éditions antérieures au XVIIe siècle, car Graesse ajoute qu'on a joint aux premières éditions le traité suivant :

Anhang zum Calend-œconomia darin gehandelt wird, wie man Pferde, Ochsen Kühe, Schweine, Geflugel, Bienen, etc., glucklich auserziehen, warten und gebrauchen soll. Wittenb, 1599, in-4.

Huzard cite une édition de l'*Œconomia ruralis* datée de 1665 et Heusinger une autre de 1680.

FAYSER.

Johann Fayser, qu'on orthographic encore Fesser, naquit en 1520 à Arnstein, évêché de Wurtzbourg. Il a publié une traduction allemande de l'œuvre de Grisone.

Kunstlicher Bericht und allerzierlichste Beschreybung des Edlen, Whesten, und Hochberumbten Ehrn Friderici Grisonis Neapolitanischen hochlieblichen Adels : wie die Streitbarn Pferdt (durch welche Ritterliche Engendten mehrs theils geubet) zum Ernst Ritterlicher Rurtzweil, geschickt, und volkommen zumachen : durch Joh. Fayser... Augsburg, Manger, in-fol., 1570.

Klee décrit au nom de Joh. Fayser les deux ouvrages suivants :

Hippocomice de cura equorum. Augsburg, 1570...
Bericht und Beschreibung der bewahrten Rossarzney. Ertes Buch. Augsburg, 1576.

FUGGER.

Marx Fugger, seigneur de Kirchberg et Weissenhorn (1529-1597), fit paraître en 1578 un traité des haras, remanié plus tard, en 1786 et 1800, par J. G. Wolstein, sous le titre de : *Von der Zucht der Kriegs-und, Bürgerpferde*. Au début, il exprime l'avis qu'un vétérinaire expérimenté est appelé à rendre de grands services au bien public, car on ne peut se passer de chevaux, ni en temps de paix, ni en temps de guerre. Aussi estime-t-il qu'il doit tirer bon profit de ses connaissances, tout comme le médecin (Eichbaum).

En 1584, Fugger publia des dessins de diverses espèces de mors, dont la deuxième édition parut en 1614.

Enfin il recueillit une collection de recettes pour les maladies du cheval, imprimée en 1599 par les soins de Seuter, son écuyer, sous le titre de : *Das Buch von der Rossarzenei* (Voy. *Seuter*).

Fugger Marx, Herr von Kirchberg und Weissenhorn : Von der Gestüterey, das ist eine gründliche Beschreibung, wie und wo man ein Gestüt von guten edlen Kriegsrossen aufrichten, underhalten, und wie man die jungen von einem Jahr zu dem andern erziehen soll, bis sie einem Bereiter zum Abrichten zu undergeben und so sie abgerichtet in langewiriger Gesundheit zu erhalten von Marx Fuggern Herrn von Kirchberg und Weissenhorn. Dergleichen noch nie in Truck ausgegangen. Sampt einem ordentlichen Register und Verzeichnis des Capitel. Getruckt zu Frankfurt am Mayen, in Verlegung Sigmund Feyrabends. Anno MDLXXXIIII.

(Du haras ou description complète, comment et où fonder et entretenir un haras de bons chevaux de guerre ; comment on doit élever les poulains d'une année à l'autre jusqu'à ce qu'ils soient confiés à un écuyer au point de vue du dressage ; comment les entretenir longtemps en santé, de Marx Fuggern, seigneur de Kirchberg et Weissenhorn.)

En voici les éditions :

1578.
1584. Frankfurt am Mayen. Sigmund Feyrabends.
1611.   —   —   Signalée comme 3ᵉ édition par Klee.
1786. Wienn. Graffer. 2 vol. in-8.
1800. Hamburg. Campe. 2 vol. in-8.
1805. Innsbruck. Wagner. 2 vol. gr. in-8.

Les éditions de 1786, 1800, 1805 ont pour titre : *Von der Zucht der Kriegs und Bürgerpferde.*

Le traité des mors est intitulé : *Ein schönes und nützliches Bissbuch,* etc.

1584.
1614. Augsburg bei Chrys. Dabertzhofer, in-fol. 2ᵉ édition avec 206 gravures sur cuivre.

VOLCHER KOYTER.

Postolka (p. 184) cite Volcher Koyter comme ayant publié, à Nuremberg, en 1573 et 1575, une zootomie comparée, avec figures.

LÖHNEYSEN.

G. Engelh. Löhneysen ou Löhneyss nous est totalement inconnu. Nous savons seulement par le catalogue d'Huzard qu'il fut l'auteur, en 1588, d'un traité complet de mors et de brides, qui ne serait pas la première édition. Huzard en cite une autre, en 1729, revue par Valentin Trichter

Voici ce qu'en dit Bourgelat (1) : « Loëneïsen augmenté par Trichter est de tous les Écrivains Allemans le plus fatiguant et le plus fastidieux : il est aride et prolixe tout ensemble ; et ce ne peut être qu'au désir qu'il a eu de construire un in-folio que nous devons de longues descriptions de chars, de traînaux, de harnois de toute espèce, des détails infinis sur les devoirs des différens Officiers d'une écurie… et mille autres super-

____

(1) *Elémens d'Hippiatrie,* tome second, livre premier, 1751. Discours préliminaire, p. XVIII.

fluités dans le torrent desquelles le nécessaire se trouveroit noié, si tout
ce qui est renfermé dans ce Volume monstrueux n'étoit marqué au coin
de l'inutilité ».

Le traité de Löhneysen a pour titre :

Von Zeumen, grundtl. Bericht des Zeumens und ordentl. Austeilung der
Mundstuck und Stangen.
(s. l.), 1588, gr. in-fol. avec figures sur bois. Titre et 122 f.

Cet ouvrage, d'après Graesse (1), serait aussi inséré dans le suivant :
*Della Caualleria. Grundtlicher Bericht von allem was zu der Reutterei
gehörig vnd einem Cauallier davon zu wissen geburt* (s. l.), 1609, t. II.

L'édition revue et augmentée par Valentin Trichter porte le même
titre. Elle a été publiée à Nuremberg : *Nuernberg, in Verlegung Paul
Lochners*, 1729, 6 part. en 3 vol. in-fol., 90 fig.

REUSCHLEIN.

Gaspard Reuschlein de Hagenau, écuyer, fit imprimer à Strasbourg,
en 1593, un traité d'hippiatrique. Comme écuyer, dit Henzen, il peut
avoir du mérite, mais, comme vétérinaire, on peut le ranger dans la
classe des empiriques. (Eichbaum, p. 65.)

Hippopronia (probablement Hippiatrica). Gründlicher und eigentlicher Bericht
von Art und Eigenschaften der Pferde, etc. Fol. mit Holzschnitten, 106 pages.
Strassburg, B. Jobin, in-fol., 1593 (Klee).

SEUTER.

Mangen Seuter, écuyer allemand, au service du baron Marx Fugger,
rassembla les notes thérapeutiques de son maître et les édita à Augsbourg en 1588. Ce n'est qu'un formulaire, sans description de maladies,
sans grande valeur.

Ein vast schönes und nutzliches Buech von der Rossartzney so auf vilen
künstbüechern von allerley frembden und Teütscher Sprach zu dem auch von
vilen guetten und erfarnen Hueffschmieden zu wegen und in ein gevisse Ordnung
und Rubricen gebracht worden. Durch den Ehrnuesten und für nemmen Mangen
Seütern menigklichen zu nutz und guetten. Getruckt zu Augspurg bey Michael
Manger mit Röm. Kay. May. Freyheit nach zutrucken.
(Livre fort utile sur l'art de guérir les chevaux, tiré de beaucoup d'ouvrages
allemands et étrangers, avec le concours de beaucoup de bons maréchaux fer-
rants expérimentés, disposé méthodiquement et publié dans l'intérêt de tous par
l'honorable et noble Mangen Seuter.
Avec un privilège de Sa Majesté impériale romaine. Augsbourg, Impr. Michel
Manger, 1588, in-4°.)
Cf. Bibl. nationale, Tg $\frac{22}{6}$.

---

(1) GRAESSE, *Trésor des livres rares et précieux*. Dresde.

Ce livre comprend 440 pages, plus au commencement 8 feuillets non paginés, dont un pour le privilège, trois pour la dédicace au baron Marx Fugger et quatre pour la table des 194 chapitres.

Klee signale une autre édition de 1599 :

Buch von Rossarzney, so von vielen Kunstbüchern von allerley Gegenden in Ordnung gebracht worden. Fol. mit Holzschn. Augsburg, Schultes, 1599.

Klee cite aussi, sous le nom de Seuter, l'édition du traité des mors de Fugger réimprimé en 1614.

Bissbuch. Fol. Ansbach, 1614.

VEITH TUFFT.

Veith Tufft, écuyer au service de Marx Fugger, est cité par Postolka (p. 168) comme le premier traducteur (1566) de l'œuvre de Grisone, qui fut à nouveau traduite en allemand, en 1570, par Frayser.

TRAITÉS VÉTÉRINAIRES ANONYMES.

1500.

Das Buchlein saget von bewerter Ertzeney der Pferd. (Ce petit livre traite de la vertu des remèdes destinés au cheval.)
Erffort, in St Pauls pfars, in-4°. Pièce 1500.

Quatre feuillets non numérotés. Sur le premier, au-dessous du titre est représenté un cheval dans un travail. Une personne le panse en lui faisant des lotions sur le thorax avec un pinceau. Ce petit opuscule contient 52 formules, très concises, en haut-allemand. — Cf. Bibliothèque nationale. Relié à la suite de Naaldwyck. Tg $\frac{19}{15}$. Réserve.

1531.

Marställerei : von Art, Errantnus, Erziehung, Haltung, Gebrauch, Lernung, allen Arzneien, etc... der Pferd.
Täglicher Erfarung und langer Zeit zusamembracht. Inhalt beigelegten Registers.
(L'écurie : de la race, de l'élevage, de la domestication, de l'usage, du dressage et de tous les médicaments propres au cheval. Tiré de l'expérience journalière et des temps passés.)
Zu Fráncfurt am Meyn, bei Christian Egenolphen, 1531. Goth.
Bibliothèque d'Alfort, F. 626.

Au-dessous du titre, une vignette sur bois représente un cheval mis en vente.

C'est un petit in-4, contenant 19 feuillets chiffrés en lettres romaines au recto seulement. Au verso du titre commence la table des matières qui se termine au bas du recto du deuxième feuillet. C'est un traité très concis d'hippiatrie, dans lequel en 34 pages sont mentionnés des traitements pour 180 maladies environ. Il commence par quelques brèves considérations sur le cheval, ses robes, sa beauté.

A la suite de cet ouvrage anonyme est imprimé, au verso du feuillet XVIII, un recueil de 11 formules d'Abram de Naples, intitulé : *Rossartznei. Abram von Neapolis*. Enfin le petit opuscule de la bibliothèque d'Alfort se termine par un feuillet blanc où sont transcrites plusieurs prescriptions manuscrites.

1550.

Viehartznei. Erziehung | gebrauch Lernung | Artznei in Zufelligen und natür-lichen kranckheyten | aller zahmen | dem menschen gebräuchlichen | und geheymen Thier und viehs.

Als nemlich { Pferd | Esel | Ochsen | Kuë | Säwe | Schaf, etc. Tauben | Hüner | Gänss | Wasser und lufftvögel, etc. Zunnen.

Auss Varrone, Plinio, Vergilio, Palladio
Zu Francfurt, Bei Christian Egenolff.

(Médecine vétérinaire. Éducation, usage, apprivoisement, médication, dans leurs maladies accidentelles et naturelles, de tous les animaux domestiques et privés utiles à l'homme, tels que le cheval, l'âne, le bœuf, la vache, le cochon, la brebis, la colombe, les poules, les oies, les oiseaux aquatiques ou non, les abeilles. Extrait de Varron, de Pline, de Virgile, de Palladius, etc. Francfort sur le Mein, impr. de C. Egenolff.) 1550, in-4°.

Cf. Bibliothèque nationale. Relié à la suite de Theobaldus, *De naturis maliumiam* (sic, *animalium*). Réserve S. 578-582, en haut ; en bas, S. 383.

Ce livre contient 26 feuillets numérotés au recto seulement et deux gravures. L'une, au-dessous du titre, représente une ferme avec tous ses attributs ; sur l'autre, au-dessous du premier chapitre, est gravé un cheval tenu par la bride ; deux personnes placées en arrière discutent probablement sur son état.

C'est un formulaire thérapeutique ou recueil de prescriptions pour 65 maladies du cheval, extraites, comme l'indique le titre, de Varron, Pline, Virgile et Palladius.

1555.

Hippiatria de cvra, edvcatione, et Institutione Equorum, unä cum varüs ac novis Frenorum exemplis.

Marstallerei. Von Erziehung | Artznei vnd abrichtung der Ross | sampt mancherhand newer formen der Zaüm vnd Gebiss | zü allerley mangeln vnd vuderrichtung der Pferd.

Zu Franckfort. Bei Chr. Egenolffs Erben anno 1555, in-4°.

Une deuxième édition, publiée en 1565, à Francfort-sur-le-Mein, chez le même imprimeur, porte le même titre et le même nombre de pages.

Ces deux éditions, du même format, se trouvent à la Bibliothèque nationale sous les cotes Tg $\frac{19}{19}$ et Tg $\frac{19}{19.A}$. D'après le général Mennessier de la Lance (1), elles seraient de la plus grande rareté.

L'*Hippiatria* comprend 102 pages, dont 87 seulement sont chiffrées. Les 87 premières contiennent, à chaque page, de 4 à 6 figures de mors avec des légendes en latin et en allemand. Cet ouvrage reproduit les mors de Laurentius Rusius, ainsi que plus de 300 autres mors nouveaux.

La deuxième partie, de la page 88 à la fin, traite des maladies des chevaux et de leurs remèdes par Albert Schmid, chef des écuries de l'empereur Frédéric III.

Roszartznei | von Meyster Albrecht Schmid | Keyser Friedrich | des dritten | hochlöblicher gedechtnus | Marstaller beweret | und nachgelassen.

Cf. *Histoire de la médecine vétérinaire au moyen âge*, p. 42. Traités exclusivement vétérinaires, n° 17.

<h3 style="text-align:center">1563.</h3>

Bewärte Rossz Artzney durch ein erfarnen und besondern liebhaber der Reiterey und anderen marstallen un auch von Schmieden, zusamen tragen vnnd brach. Allen denen so sich der Rossz gebrauchen zü güt in Truck geben.

Auch wie man güte gesunde Rossz erkennen vnnd behalten soll.

Betrückt zü Augspurg durch Mattheum Francken : anno 1563, in-8.

(Médecine vétérinaire éprouvée, rassemblée et mise en ordre par un habile et éminent amateur d'équitation, par des écuyers et des maréchaux ferrants. Imprimée pour l'utilité de tous ceux qui se servent du cheval. Et aussi comment on reconnaît les bons chevaux et comment on les maintient en bonne santé. Imprimé à Augsbourg, en 1563, par Mathieu Franck, in-8°.)

La gravure placée sous le titre représente un cheval attaché.

158 pages numérotées plus 6 feuillets non paginés pour la table alphabétique.

Cf. Bibliothèque nationale, Tg $\frac{22}{5}$.

<h3 style="text-align:center">1571.</h3>

Zwei Bücher von Gebrechen und Krankheiten der Rosse und anderen **vierfüs-sigen** Tieren. — Fol. Eger, 1571.

Signalé par R. Klee, p. 227.

<h3 style="text-align:center">1583.</h3>

Neue. u. bewahrte Rossarzney. — Fol. Strassburg, 1583.

Signalé par Klee.

SANS DA

1° Einbewardt neün Rossz artzny buch ; derglichen vor nie gesehen wordenn, durch ein erfarnen vnnd besondern liebhabern der Reiterey lange iar, von Ray-Rô Fürsten und anderen Marstallern von edlen und vnedlen Reitern und auch von schmyden zusamen tragen und bracht. Allen Reitern, **Marstallern,** Schmieden vnnd allen so sich der Rossen gebruchen zu gut. Inn Truck geben vund vssgan lassen ; Auch wie man gutte gesunde Rossz erkennen vnnd behal-

---

(1) Communication manuscrite.

ten soll. Mit einen schönen Register bald zufinden. — Zu Basel by Rüdolff Deck, in-4° — (s. d).

Bibliothèque nationale, Tg $\frac{19}{15}$. Réserve.

(Livre de nouveaux remèdes éprouvés pour les chevaux, tels qu'on n'en a jamais vu auparavant, recueillis par un amateur expérimenté qui s'est occupé d'équitation pendant de longues années, d'après les observations des empereurs, rois, princes et autres propriétaires d'écuries, de cavaliers, gentilshommes et bourgeois et aussi de maréchaux ferrants. A l'usage de tous les cavaliers, propriétaires d'écuries, maréchaux et généralement de tous ceux qui se servent des chevaux : avec les renseignements nécessaires pour distinguer les chevaux sains et les entretenir en santé, suivi d'une ample table des matières.)

Ce livre, relié à la suite de Naaldwick (édition de 1631), comprend 102 pages numérotées, dont une pour le titre, suivi d'une vignette représentant un cheval entouré de trois personnes; une lui entonne un breuvage. A la fin, trois feuillets non paginés pour la table des matières dressée par ordre alphabétique.

Cet ouvrage, sans nom d'auteur, sans date d'impression, est, comme son titre l'indique, un traité d'hippiatrie, traitant de 248 sujets empruntés à divers auteurs. C'est en réalité un formulaire thérapeutique, où les maladies portent des noms vulgaires, en haut-allemand, qu'il est le plus souvent impossible de déterminer.

2° Neuver mehrtes, darinnen zu finden allerhand bewährte Hausarzneymittel für die vielen Krankheiten des Rindviehes ; ingleichen gar gewisse Arzneymittel für allerley Krankheiten der Schafe, Ziegen, Schweine, Gänse und Hühner.
8. 4. B. Schleiz, s. d., Mauke. — Klee, p. 203.

TRAITÉS VÉTÉRINAIRES MANUSCRITS.

I

Ein neu.... Kunst und Rossartzneybuch zuvor in Niderland. 156 ff. fol.
N° 11 164 (Med. 71).
(Tabulae codicum manu scriptorum in Biblioteca.) Palatina Vindabonensi.
Vindabonae ; 1874.

II

Multhier Heilkunde. p. 277 à 292.
(Verzeichniss der Handschriften der Stilftsbibliotheck von St Gallen. Halle, 1875.)

III

Fol. 203. Zeigen und Farben der Pferde und Recepte für Krankheiten der Pferde (à la suite d'un traité de jurisprudence). Ms. écrit vers 1572.
Jurid. n° 745.
(Verzeichniss der Handschriften im preussischen der Staate Hannover. Gœttinger, 1893.)

II

La médecine vétérinaire en Angleterre.

L'Angleterre, comme la plupart des nations européennes, a subi, au xvie siècle, l'influence italienne, en ce qui concerne l'équitation et le dressage du cheval. Sous le règne de Henri VIII (1509-1547), et même longtemps après, il y avait des écuyers et des maréchaux italiens au service du roi, oracles de leurs collègues anglais pour tout ce qui avait trait au cheval. Un des plus renommés fut Claudio Corte de Pavie, écuyer de lord Dudley Earl of Leicester, grand maître de l'écurie de la reine Élsiabeth. Les sources de la médecine vétérinaire en Angleterre sont donc d'origine italienne. Mais les Anglais ne tardèrent pas à s'affranchir de cette tutelle, en formant des écuyers nationaux, dont l'un d'eux, Blundeville, est resté justement célèbre. Puis ils revinrent peu à peu aux études de l'antiquité avec Mascal qui donna, en 1596, une traduction de l'Hippiatrique.

Cependant je ne puis passer sous silence l'appréciation de Bourgelat sur la vétérinaire anglaise à cette époque. Elle ne lui est pas favorable, bien à tort, car elle ne fut ni meilleure ni pire que dans les autres contrées de l'Europe.

« Il semble que, par une espèce de barbarie commune à toutes les Nations, l'Hippiatrique ait été ensevelie dans un néant dont elle ne peut être tirée. Un peuple connu et distingué par la profondeur et la supériorité de son génie n'a pas à cet égard été plus éclairé : on ne peut lire sans étonnement Bradley, Gibson, Snape, Bracken, Marckam, et l'on ne s'accoutume point à voir des Anglois nier l'existence du cerveau dans le Cheval, soutenir qu'il est dur et impénétrable, ordonner l'amputation des testicules pour sauver l'Animal maniaque, remplir le sabot de son et de sel dans le cas d'une léthargie, peigner le cheval avec un peigne de fer dans celui de la constipation, cautériser et scarifier les flancs dans les maladies de la rate, etc. » (Bourgelat, *Élémens d'hippiatrique*, 1751. Livre second, 1re partie. Discours préliminaire, p. xv-xvi.)

Les travaux vétérinaires anglais du xvie siècle sont peu nombreux. Parmi ceux parvenus à notre connaissance, nous citerons les suivants :

Vers 1500. — Un traité anonyme.
   ?.... — Martin Ghelly.
  1565. — Blundeville.
  1581. — Mascal.
  1593. - Markham.

BLUNDEVILLE.

Blundeville (Thomas), écuyer anglais, écrivit sur divers sujets. Leslie Stephen, dans son *Dictionary of national biography*, en cite une dizaine sur les matières les plus différentes : morale, cosmographie, philosophie. Mais il fut avant tout un écrivain hippique.

Il publia deux traités d'équitation, ainsi intitulés :

1° A newe Booke containing the arte of ryding and breakinge greate Horses. London, W. Seres, s. d., in-4° avec 50 gr. en bois. (Un nouveau livre contenant l'art de conduire et dresser les chevaux.)

2° The fower chiefyst Offices belongyng to Horsemanshippe, that is to saye the Office of the Breeder, of the Rider, of the Keper, and of the Ferrer (Lond.). Wyll, Seres at the Signe of the Hedgehogge, 1565, in-4°. av. fig. en bois. Goth.

Ce dernier ouvrage (n° 2), le plus important, dédié à Robert Dudley, comte de Leicester, est divisé en quatre parties portant chacune un titre et une pagination spéciale. La troisième est datée de 1565 ; la quatrième de 1566, les deux premières ne portant aucune date. Les dernières éditions sont de 1580, 1597, 1609.

L'ouvrage de Blundeville traite de tout ce qui peut servir à l'équitation, au producteur, au cavalier et au maréchal. Dans la première partie, il est question de la reproduction ; dans la seconde, du dressage et de l'art de monter à cheval ; dans la quatrième et dernière, des maladies auxquelles les chevaux sont sujets. Cette dernière partie est le reflet des opinions des hippiatres de l'antiquité, ainsi que de celles de Ruffus et de Rusius. On en trouve la preuve dans les termes anglais qui ne rendent pas toujours très exactement les expressions employées par les Italiens. L'œuvre de Blundeville fut souvent mise au pillage et bon nombre de ceux qui lui ont fait des emprunts ont négligé d'en indiquer la source. D'après Neumann, Markham aurait été un de ceux qui l'auraient le plus pillé, sans même le citer une seule fois.

Blundeville est le premier auteur original qui ait écrit en langue anglaise sur l'équitation. Il commença par traduire en anglais l'œuvre de Grisone, qu'il transforma plus tard en l'augmentant de trois livres.

MARTIN GHELLY.

Martin Ghelly ou Martin Alman, né au commencement du xvie siècle à Arton (Angleterre), ne nous est connu que par une citation de Blundeville (voir ce nom), qui, au quatrième livre de son ouvrage (*The order of curing horses diseases*), le cite comme lui ayant fourni plusieurs formules et recettes thérapeutiques.

On ne croit pas que Martin, « chief ferrer » de la reine Élisabeth, ancien élève de l'Italien Hannibal, maréchal et hippiatre de Henri VIII, « alors l'oracle de tous ses confrères anglais », ait laissé quelque écrit sur l'hippiatrique (Neumann).

MARKHAM.

Gervase ou Jervis Markham (1568-1637), né à Gotham, comté de Nottingham, fut très versé dans les diverses branches de l'activité humaine : poète, militaire, linguiste, agriculteur, homme de cheval.

Poète, il fut médiocre, et ce n'est certes pas son plus beau titre à passer à la postérité. Mais il fut surtout un philologue et un linguiste distingué, connaissant le latin, le français, l'italien, l'espagnol et probablement l'allemand.

Ses traités en prose furent nombreux et eurent beaucoup plus de vogue que ses essais poétiques. C'était un écrivain des plus fécond pour les choses agricoles, et il fut considéré à juste titre comme le premier écrivain anglais en ce qui concerne le cheval « The earliest Englisch hackney writer ».

Il fut un défenseur acharné, un zélé propagateur des méthodes perfectionnées pour l'élevage du cheval, et notamment du cheval de course. Possesseur d'une écurie composée de chevaux de grande valeur, il passe pour avoir le premier importé le cheval arabe en Angleterre. Dans la liste des chevaux de sir Henry Sidney, *Pied Markham* y figure comme ayant été vendu à l'ambassadeur français, et Gervase Markham livra le cheval *Arabian* à James Ier pour 500 livres.

Comme homme de cheval, il publia les travaux d'hippologie suivants (1) :

1° *Discourse of Horsemanshipp* (traité d'équitation). London, in-4°, 1593, écrit à vingt-cinq ans et dédié à son père. Ce traité fut réédité en 1596 sous un titre différent.

2° *How to chuse, Ride, traine and dyet both Hunting and Running Horses* (Comment choisir les chevaux de selle et de trait pour la chasse et la course), in-4°, 1599-1606.

3° *How to Trayne and Teach Horses to Amble*. London, in-4, 1605.

4° *Cavelarice or the Englisch Horseman*. Newly imprinted, corr. and. augm. with many worthy secrets not before knowne. London, in-4°, 1607. Ouvrage divisé en 7 livres dont chacun a son titre particulier. On en connaît 3 éditions, 1607-1616, 1617, 1625. La dernière est augmentée d'un huitième livre sur les ruses des maquignons.

Comme écrivain vétérinaire, on a de lui :

---

(1) *Dictionary of national_biography*, edited by Sidney Lee, vol. 36, p. 166.

1. *Cure for all diseases in Horses*. London, in-4°, 1610 ;

2. *The Methode or Epitome*, traitant des maladies des chevaux, du bétail, des chiens, des porcs, des volailles ;

3. *The Faithfulle Farrier, discovering some secrets not in print before*, 1635, in-4°.

4. *The Masterpiece of Farriery*, etc. London, in-4°, 1636, réimprimé 1656, 1662, 1675, 1710, 1734, sous des titres différents.

5. *Masterpiece revived* : cont. all Knowledge belonging to the Smith, Farrier of Horse-leach, etc. With the Counrymans Care for his other Cattle, etc., and the Compleat Jockey. London, in-4°, 1639.

D'après Michaud et Poujolat, une édition de la *Maison rustique* de Liébault (1616), traduite en anglais par R. Surfleit, aurait contenu des additions de Markham.

Je n'ai pu consulter aucune des éditions anglaises de Markham, mais j'ai eu entre les mains la traduction française qu'en fit de Foubert, écuyer du roi, en 1666, dont voici le titre :

Le novveav et sçavant Mareschal, dans leqvel est traité de la composition de la nature, des qualitez, perfections, et defauts des Cheuaux.

Plus les signes de toutes les maladies et des blesseures qui leur peuuent arriuer auec la methode de les guerir parfaitement, par le moyen des remedes certains et approuuez des plus habiles Mareschaux de l'Europe. Comme aussi la maniere de les conseruer en santé dans les longues fatigues, en quel temps et saison on doit les saigner, purger, et les mettre à l'herbe.

L'Anatomie du corps du Cheual avec les Figures.

Vn nouueau Traité du Haras, qui enseigne le moyen d'éleuer de tres-beaux et bons Cheuaux, la maniere de les bien emboucher selon les mords les plus vsitez, qui sont representez en ce Liure.

La nature, la qualité, et les effets des medicaments.

Les Ruses que les Marchands de Cheuaux employent pour cacher les defauts que peut auoir vn Cheual qu'ils exposent en vente, et le moyen de les découurir.

Vn excellent Traité pour bien ferrer et restablir les meschants pieds, et conseruer les bons, sur le dessein de plusieurs fers inuentez pour ce sujet. La maniere de les fabriquer et appliquer.

La representation et les vsages des instruments, desquels on se sert dans les opérations mentionnées en cet ouurage.

Traduit du Celebre MARHAM, gentilhomme Anglois. Par le sieur de FOUBERT, Escuyer du Roy, et l'un des Chefs de l'Academie-Royale de la ruë Sainte Marguerite.

A Paris, chez IEAN RIBOV, au Palais, sur le grand Peron, vis à vis la saincte Chapelle, à l'Image Sainct Louis M.DC.LXVI, 1 vol. in-4°. Avec Privilege dv Roy.

Bibliothèque nationale, Tg $\frac{19}{35}$. — Bibliothèque d'Alfort. — Bibliothèque privée (Guillemard).

Cette édition est cotée 35 francs dans le catalogue de Cornuau.

Le catalogue Huzard, sous le n° 3821, cite une autre édition de 1668, in-4°, avec un titre nouveau.

Le frontispice de la traduction française comprend un résumé du titre encadré de 10 figures, 4 de chaque côté, une en haut, une en bas, représentant :

1º Un cavalier à cheval ;

2º Un maréchal donnant à manger à un cheval ;

3º Un maréchal saignant un cheval ;

4º Un maréchal appliquant sur le dos d'un cheval un baume destiné à la guérison de toutes les maladies internes ;

5º Un maréchal montrant un cheval à pelote en tête ;

6º Un maréchal malaxant la jambe d'un cheval ;

7º Un maréchal faisant ingérer un médicament liquide au moyen de la corne ;

8º Un maréchal pratiquant la saignée de la bouche « qui prévient la mort subite » ;

9º Un maréchal faisant boire un breuvage salutaire ;

10º La dixième montre deux chevaux en fureur, se donnant des ruades.

Ce volume commence par 48 pages non paginées comprenant :

1º La dédicace (6 pages), à Monseignevr Louis de Loraine, comte d'Armagnac, de Brione, et de Moisan, en svrvivance, grand Escvyer de France, Gouuerneur et Lieutenant géneral pour sa Majesté du Païs d'Anjou, ville et Chasteau d'Angers, Pont de Cé, etc.

2º Un avis au lecteur (24 pages) ;

3º La table des chapitres du livre premier (18 pages).

Il est divisé en trois parties ou livres. Le premier livre de 168 pages (de 1 à 168) est intitulé : « Le Novveav et sçavant Mareschal qvi enseigne a connoistre la natvre des maladies des Cheuaux, et la maniere de les guerir. Livre Premier ou est traicté de la guérison des maladies internes des Cheuaux. » Ce livre contient 104 chapitres.

Le livre deux, paginé de 1 à 288, a pour titre : « Le Novveav et sçavant Mareschal. Livre second. Des Maladies externes des Cheuaux, qui ne se peuvent guerir que par le secours de la Chirurgie, ou operation de la main. » Il comprend 173 chapitres.

Le troisième livre, paginé de 289 à 411, a été ajouté au livre de Markham par de Foubert, son traducteur ; il est ainsi libellé : « Novveav traité dv Haras qvi enseigne le moyen d'elever de tres beaux Poulains, et la maniere de les dresser comme aussi de gouuerner les estalons et les Jumens Poulinieres, tant durant qu'après la portée.

Ovvrage tres-vtile et tres-necessaire à la Noblesse, qui est curieuse d'auoir de beaux et de bons Cheuaux. »

Ce livre est subdivisé en deux parties.

La *première* partie (p. 291 à 323) traite « de toutes les dispositions des choses requises pour auoir de beaux et bons Poulains » et comprend 16 chapitres.

La *seconde* s'occupe :

A. Dv soin qv'on doit avoir pour le gouuernement des Estalons, des Caualles, et de tout le Haras apres la copulation (p. 323 à 364).

B. La natvre et qvalité particulière des médicaments, desquels est fait mention en cet ouurage, et qui sont icy descrits par ordre de l'Alphabet (p. 365 à 380).

C. Le moyen de décovvrir les rvses des marchands de Cheuaux (3 chapitres) (p. 381 à 394).

D. Des diverses manieres de ferrer et conseruer les pieds des Cheuaux. 22 chapitres, précédés d'une planche de fers (p. 394 à 411).

Le traité de Markham comprend plusieurs planches hors texte représentant les veines du corps du cheval, les nerfs, les os, des mors, des fers ; et les « figures des instrumens necessaires desquels les Mareschaux se servaient pour la cure des cheuaux ». On y trouve aussi dans le texte plusieurs figures de cautères, de cautérisations en raies dans diverses régions, de sétons, d'étoiles au front, etc.

Le traducteur de Foubert, dans l'avis au lecteur, montre combien grandes sont les difficultés dans le diagnostic des maladies du cheval, cet animal n'ayant pas la voix pour indiquer ses souffrances. « C'est le defaut, dit-il, qui se rencontre, principalement en tous les Liures qui traitent des maladies des Cheuaux, qu'il ne s'en trouve presque point, ou les signes de ces maladies soient exactement proposez, comme on peut voir dans tous les Liures récens qui ont traité de cette matiere et mesme en ceux qui promettent dans leur inscription, la *parfaite connoissance des Cheuaux,* et qui se glorifient du tiltre de *véritable parfait Mareschal,* ou qui promettent plus qu'ils ne donnent. » Il ajoute que l'ouvrage de Markham est très bien exposé. « Pour composer cet ouvrage, il n'a pas seulement recueilly ce qu'il a leu dans les Autheurs anciens et modernes imprimez : mais aussi de ce qu'il a appris d'autres Mareschaux qui n'ont point veu le iour. Du premier rang sont Xénophon, Rusius, Vegetius, Pelagonius, Camerarius, Apollonius, Brisson, Brilli, Toratio, Libalt, Steuens, Viterus, la Brouë, Martin l'Ancien, Clifford, Mascal : Du second rang Martin le jeune, Vveb, d'Alidourne l'ancien, d'Alidourne le jeune, Ausborne, Stanley, Smith, Barnes, Maffegle, Lupman, Goodsoune, Purfray, Vvhite ».

Il termine cet avis au lecteur en donnant la composition de l'eau du Dr Stephens qui eut à cette époque une très grande vogue en Angleterre.

Si nous en jugeons par les articles biographiques sur Markham, il semble qu'il n'aurait pas mérité toute l'estime qu'il obtint au moment de l'apparition de ses ouvrages. Pour les uns, c'est le guide des jockeys et ses recettes sont à la hauteur des gens d'écurie. D'après Neumann, il aurait été « l'écrivain vétérinaire le plus heureux d'alors, comme il en était le plus impudent hâbleur ». D'autres prétendent qu'il a mis au pillage le traité de Blundeville, en lui empruntant la plus grande partie de ses descriptions et en omettant à dessein de le citer. Je n'ai pu vérifier cette dernière assertion, mais je crois que Markham gagnerait à être mieux connu. C'était un lettré et un hippologue de marque. Quant à son livre, c'est un volumineux travail d'environ 456 pages, un des recueils les plus complets pour l'époque en ce qui concerne la pathologie du cheval. Ses descriptions, ses indications de traitements ne sont pas aussi ridicules qu'on serait tenté de le croire. Il est de son époque et tient noblement sa place parmi ses contemporains. Du reste, on peut juger de la valeur de ce traité par la lecture de la table des matières empruntée à la traduction française.

PREMIER LIVRE.

Chapitres.
1. — De la structure et composition naturelle des corps des chevaux.
2. — Des 4 élémens, de leurs qualitez et opérations.
3. — Des tempéramens, de leurs différences et combien de sortes il s'en rencontre dans le cheval.
4. — Des humeurs et de leurs usages.
5. — Des parties et de leurs différences.
6. — Des facultez et puissances du corps du cheval.
7. — Des actions et opérations du cheval.
8. — Des esprits.
9. — Des six choses non naturelles.
10. — Des signes du tempérament des chevaux.
11. — Des maladies internes des chevaux, de leurs causes et de leurs diverses espèces.
12. — Des signes des maladies et de leur nature.
13. — Contenant les générales observations qu'il faut faire touchant les purgations des chevaux.
14. — De l'urine et des excrémens du cheval.
15. — Des fièvres en général, de leurs diverses espèces et de leur guérison.
16. — De la fièvre quotidienne et de sa guérison.
17. — De la fièvre tierce.
18. —   —   quarte.
19. —   —   continuë.
20. —   —   hectique.
21. —   —   autumnale.
22. —   —   d'esté.
23. —   —   d'hyver.
24. —   —   qui procède seulement de l'excez de manger.
25. — Des fièvres extraordinaires, et premièrement des fièvres pestilentes.
26. — De la peste des chevaux, appelée de quelques uns gargil ou muraine.

Chapitres.

TROISIÈME LIVRE (1).

Nouveau traité du Haras.

Première partie. — De toutes les dispositions des choses requises pour auoir de beaux et de bons Poulains.

Chapitres.

1. — Des choses necessaires pour dresser un haras et la maniere d'eslever de bons Poulains.
2. — Quelles qualitez doivent avoir les cavales pour porter de beaux et bons poulains.
3. — A quel aage on doit faire couvrir les cavalles.
4. — Quelles qualitez doit avoir l'estalon pour estre parfait, et quelles sont les choses qui le rendent défectueux et inutile.
5. — De quel aage on doit prendre l'estalon, et combien de temps il doit servir aux haras.
6. — Du temps que les cavalles doivent estre couvertes et quand il leur faut donner l'estalon.
7. — A combien de cavalles peut fournir un estalon et à quoy on peut le reconnoistre propre à la generation.
8. — Comment il faut nourrir l'estalon.
9. — Comment il faut donner l'estalon aux cavalles, de la copulation qui se fait à la main.
10. — De la copulation qui se fait à la campagne, en liberté.
11. — De la copulation libre en apparence, toutefois contrainte.
12. — De l'imagination des cavalles et comment elles peuvent faire leurs poulains de tel poil qu'on les voudra.
13. — Des causes de la stérilité.
14. — Par quels moyens on peut rendre feconds les estalons et les cavalles stériles.
15. — Comment on peut reconnoistre que les cavalles sont pleines.
16. — Pourquoy il ne faut pas faire que les cavalles de mérite portent souuent, ni employer tous les ans l'estalon au haras.

Seconde partie. — Du soin qu'on doit avoir pour le gouvernement des estalons, des cavalles et de tout le haras après la copulation.

Chapitres.

1. — Du traictement qu'on doit faire à l'estalon, après qu'il est descendu de dessus la cavalle.
2. — Comment il faut gouverner l'estalon qu'on ne veut pas employer à couvrir la cavalle toute l'année.
3. — Comment il faut remettre au foin les estalons et autres chevaux qui sont à l'herbe.
4. — Des pustules qui s'engendrent et dégénèrent en ulcères sur la verge de l'estalon et des remèdes convenables à sa guérison.
5. — Comment il faut gouverner les cavalles pleines jusqu'à ce qu'elles ayent pouliné.
6. — Des causes qui font avorter les cavalles.
7. — Comment il faut empescher les cavalles d'avorter et les garantir de la mort lors que cet accident arrive.

---

(1) Ce troisième livre a été ajouté à la traduction française de Markham par De Foubert.

Chapitres.

Chapitres.

MASCAL.

Léonard Mascal, auteur et traducteur, était membre d'une ancienne famille établie à Plumstead, dans le comté de Sussex. Il devint « *clerk of the Kitchen* » dans la maison de Matthew Parker, archevêque de Cantorbery. Il mourut le 10 mai 1589 à Farnham Royal, comté de Buckingham, où il fut enterré. Voici les principaux ouvrages qui lui sont attribués :

1° Un livre sur le greffage ;

2° *The Husbandlye ordring and Gouernmente of Poultrie* (Production, élevage et gouvernement de la volaille). London, 1581, in-8 ;

3° Un livre contenant des recettes pour enlever les taches de boue sur la soie, le velours, la laine ;

4° Un traité sur la meilleure préservation de la santé humaine ;

5° Un livre sur la pêche à la ligne ;

Et enfin un traité sur le « gouvernement du bétail ».

Gouernment of Cattell. Divided into thre Bookes.

The first, entreating of Oxen, Kine, and Calves : and how to use Buls, and other Cattell, to the yoake or fell.

The second, discoursing of the governement of Horses, with approved Medicines against most Diseases.

The third, discovering the ordering of Scheepe, Goates, Hogges, and Dogges, with true Remedies to helpe the Infirmities that befall any of them.

Also perfect instructions for taking of Moales, and likewise for the monthly husbanding of Grounds, as hath been already approved, and by long Experience enterrayned amongst all sorts, especially Husbandmen, who have made use thereof, to their great profit and contentment.

Gathered by Leonard Mascal.

London. Printed by Tho : Purfoott, for Francis Falkner, and are to bee fould at his Shop, neere Saint Margrets hill in Southwarke 1627. Goth, in-4°.

Bibliothèque nationale. Tg $\frac{4}{3}$.

(Gouvernement du bétail, divisé en 3 livres. Le premier s'occupant des bœufs, vaches, veaux, et indiquant comment on emploie les taureaux et autre bétail. Le second traite du gouvernement du cheval, avec indication de remèdes pour la plupart des maladies. Dans le troisième, il est question du mouton, chèvre, cochon, chiens, avec des remèdes pour la plupart des maladies qui peuvent leur survenir.)

Sydney Lee (*Dictionary of national Biography*, vol. XXXVI. London, 1893) énumère 7 éditions. La première en 1596, dédiée à lord Edward Montagu ; puis, celles de 1600, 1605, 1620, 1633, 1662, 1680. La dernière contient le *The Countreyman's Jewel, or the government of Cattle...*

D'après Graesse, l'édition de 1622 contiendrait le portrait de Mascal par Rob. Gaywood.

L'édition de 1627 $\left(\text{Bibl. nat., Tg} \frac{4}{3} \right)$ contient 307 pages ; plus, au commencement, 6 pages non numérotées pour le titre, pour la dédicace de l'auteur à lord Edward Montagu, l'avertissement au lecteur et une pièce de vers intitulée : *To the Husbandman*.

Chaque livre est suivi d'une brève table alphabétique.

Le premier livre, pages 1 à 93, traite du bœuf et de ses maladies ; le deuxième, pages 94 à 194, du cheval et de ses maladies ; le troisième, pages 195 à 307, du mouton, de la chèvre, du cochon et du chien.

TRAITÉS ANONYMES.

The Propertys and medycines for on horse.

Ouvrage paru vers 1500.

[*Cf.* Tableau de la médecine vétérinaire en Angleterre (analyse), *Journal de méd. vét. théorique et pratique*. Paris, 1830, p. 35.]

III

La médecine vétérinaire en Espagne.

Après l'Italie, ce fut en Espagne que la médecine vétérinaire acquit le plus d'extension au XVIe siècle. Nous avons déjà vu qu'au XIVe, sous Ferdinand V, il existait dans le royaume de Castille un tribunal vétérinaire dit *Proto-Albeiterato*.

Avant cette époque, l'exercice de notre profession était libre, transmissible de père en fils. L'installation du Proto-Albeiterato la réglementa. Pour l'exercer, il devint nécessaire de faire des études particulières et de prouver devant un jury spécial, formé de maréchaux de la cavalerie royale, qu'on avait acquis des connaissances suffisantes en l'art de guérir. Le candidat admis recevait alors un diplôme, le titre d'*Albeitar-herrador* (maréchal-vétérinaire) et, d'élève, passait maître.

3

D'après Olalla, peu de personnes profitèrent de cette institution, car la vétérinaire était entre les mains des bergers, des guérisseurs qui attachaient peu d'importance à ce titre, et du reste ne se souciaient guère de faire un trajet parfois étendu pour venir passer leur examen devant le jury institué à cet effet à Madrid. Pour obvier à ce grave inconvénient, on créa un deuxième jury, le Proto-Albeiterato de Navarre et d'Aragon, présidé par Pedro Lopez Zamora.

Ces deux centres d'examen étaient officiels, mais à côté s'élevèrent d'autres établissements privés, notamment à Valence, où une société de vétérinaires et de maréchaux délivrait des licences pour exercer la vétérinaire et la maréchalerie, l'une ou l'autre, ou les deux ensemble. Toutefois, les possesseurs de ce diplôme n'étaient autorisés à exercer que dans la province où ils l'avaient acquis.

S'ils allaient s'installer dans une autre, ils pouvaient être traduits devant les tribunaux, qui les condamnaient à l'amende et saisissaient leurs instruments.

Malgré cette organisation toute spéciale, unique pour l'époque, la vétérinaire fut encore considérée comme une profession inférieure, le recrutement des élèves se faisant le plus souvent dans les basses classes de la société.

Néanmoins, nous pouvons signaler, parmi la production littéraire de cette époque, six traités de médecine vétérinaire, quatre d'équitation, un de ferrure, un d'économie rurale, un de fauconnerie, et un d'élevage du cheval et du chien, comme on peut le voir dans le tableau suivant dressé par ordre chronologique.

1513.	HERRERA,	*Traité d'agronomie.*
1551.	CHIACON,	*— d'équitation.*
Antérieur à La Reina.	VINUESA.	*— de ferrure.*
1553.	LA REINA,	*— de médecine vétérinaire.*
1564.	SUAREZ.	*— d'hippiatrique.*
1565.	ÇUNIGA.	*— de fauconnerie.*
1568.	PEREZ,	*— de l'élevage du cheval et du chien.*
1572.	AQUILAR,	*— d'équitation et de mors.*
1580.	ANDRADA,	*— sur le cheval.*
1580.	PERALTA,	*— de médecine vétérinaire.*
1582.	CALVO,	*— de médecine vétérinaire.*
1588.	ZAMORA,	*— de médecine vétérinaire.*
1590.	DAVILA,	*— d'équitation.*
Fin du XVIᵉ siècle.	RUIZ,	*— de médecine vétérinaire.*

A cette liste, peuvent s'ajouter les réimpressions d'ouvrages antérieurs, tels que ceux de Manuel Diaz (1511, 1515, 1523, 1530, 1545) et les traductions d'œuvres étrangères, notamment des hippiatres grecs et latins (Suarez).

Andrada.

Pedro Fernandez de Andrada, écuyer espagnol, publia, en 1580, un
traité sur le cheval, de 152 pages, dédié à Philippe II, le 26 décembre
1579. D'après Eichbaum et Postolka, il aurait utilisé les travaux de
Grisone, de Caracciolo, de Crescens et de Camerarius. Dans le premier
livre, il traite de la nature même du cheval, de son accouplement, des
races principales d'Espagne. Dans le second, il donne les règles de l'équitation et indique la manière de bien construire les écuries, de dompter
et brider les chevaux, ainsi que de les corriger ou de les préserver des
vices ou tics. Comme on le voit, la vétérinaire y trouve peu à glaner.

Le travail d'Andrada a pour titre :

De la naturaleza del caballo : en que están recopiladas todas sus grandezas :
juntamente con el órden que se ha de guardar en el hacer las castas y cria de los
potros, y como se han de domar y enseñar buenas costumbres, y el modo de
enfrenarlos y castigarlos de sus vicios y siniestros. Por Pedro Fernandez de
Añdrada, vecino de Sevilla. Dirigido à la C. M. del Rey D. Philippe nuestro
señor, segundo de este nombre. — Sevilla, 1580, por Fernando Diaz. En 4º, xix-
152 folios (Olalla). (De la constitution du cheval, livre dans lequel sont réunies
toutes ses qualités : conjointement avec la manière de garder et conserver la race,
d'élever les poulains, de les dompter, de leur enseigner de bonnes habitudes, de
les brider et de les corriger de leurs vices et tics. Par Pedro Fernandez de Andrada,
de Séville. Dédié au roi D. Philippe nostre seigneur, second du nom.)

C'est la première édition. Brunet en mentionne deux autres, imprimées également à Séville, l'une de 1598 et l'autre de 1616.

Aquilar.

Pedro de Aquilar est l'auteur d'un traité d'équitation mentionné
dans le catalogue d'Huzard, t. III, sous le nº 4625.

Tractado de la Cavalleria de la Gineta. Cõpuesto y ordenado por el capita
Pedro de Aquilar. — En Sevilla, ernando Diaz, 1572, in-4º ; fig. s. b. (Traité de
cavalerie et d'équitation composé et rédigé par le capitaine Pedro de Aquilar.)
Les figures représentent des mors.

Calvo.

Fernando Calvo naquit à Plasencia (Espagne) dans la seconde moitié
du xvie siècle. En 1582, il livra à l'impression un travail sur la pathologie du cheval, du mulet et de l'âne, qui eut plusieurs éditions.

Il est divisé en quatre livres.

Dans le premier, il traite des animaux domestiques, des qualités que
doivent posséder les chevaux, puis il indique quelques notions rudimentaires d'anatomie et de physiologie. Il examine ensuite quelques infirmités du cheval et donne des conseils à ceux qui se vouent à la médecine
vétérinaire. Le second livre est une collection de recettes thérapeu-

tiques, au nombre d'environ 650. Le troisième s'occupe des substances, notamment des plantes en usage dans la pharmacie vétérinaire. Le quatrième livre consiste en interrogations et réponses sur divers sujets de la profession ; il traite aussi des signes du zodiaque et de l'influence des planètes sur diverses parties du corps. Ce livre est terminé par un traité de ferrure, dialogue en vers entre Calvo et ses disciples.

Libro de Albeyteria, en el cual se trata del caballo y Mulo y Jumento: y de sus miembros y calidades, y de todas sus enfermedades, con las causas y señales y remedios de cada una dellas, y muchos secretos y experiencias para el remedio de cada una de las dichas enfermedades, y las calidades y provechos de muchas yerbas, tocantes y provechosas para el acertado uso de la Albeyteria, y ultimamente se ponen muchas y subtiles questiones y preguntas, con sus respuestas utilissimas para los que se quisieren dar a la Teoria, y un nuevo arte de herrar en Octavas. Va repartido en quatro libros: compuesto por Fernando Calvo, vecino y natural de la ciudad de Plasencia. Dirigido à D. Alonso de Çuniga y Córdoba, Comendador de la órden y Caballeria de Calatrava, Gentilhombre de Cámara de su Magestad, etc. Con privilegio. En Alcala MDCII. por Justo Sanchez Crespo à costa de Juan de Sarria, mercader de libros. En folio, v-249 folios ú hojas, y 14 más de indices.

(Traité de médecine vétérinaire, dans lequel il est question du cheval, du mulet, de la jument, de leur extérieur et qualités, et de toutes leurs maladies avec les causes et remèdes de chacune d'elles. Nombreux secrets et expériences appropriés au traitement de chacune des dites maladies. Qualités et utilité de beaucoup de plantes à l'usage de la vétérinaire. Enfin nombreuses questions et demandes suivies des réponses les plus utiles ; et un nouveau traité de ferrure en octaves (1). Le tout réparti en 4 livres : composé par Fernando Calvo, habitant et natif de la ville de Plasencia. Dédié à D. Alonso de Zuniga et Córdoba, commandeur de l'ordre et chevalerie de Calatrava, gentilhomme de Cámara, etc. Avec privilège. — Alcala, 1602, par Justo Sanchez Crespo, etc. In-folio, v-249 pages et gravures, plus 14 de tables.) — 249 feuillets paginés seulement sur le recto.

Bibliothèque nationale, Tg $\frac{19}{26}$.

Olalla mentionne les éditions suivantes :
1582. — Sans localité d'impression.
1588. — Salamanca.
1602. — Alcala, Iusto Sanchez Crespo, in-fol.
1658. — Madrid.
1671. — Madrid, Garcia y Bedmar.
1675. — Madrid, G. Laiglesia, in-fol.
On le trouve aussi imprimé à la suite du traité d'Albeyteria de Francesco de La Reina, éditions de 1623 et 1647.

CHIACON.

Chiacon de Séville est signalé par Postolka comme ayant écrit en 1551 sur l'équitation.

DAVILA.

D'après Postolka (p. 163), Juan Arias Davila aurait fait paraître à Madrid, en 1590, un traité d'équitation.

---

(1) Stances de huit vers.

DE ÇUNIGA.

D. Federique de Çuniga est l'auteur d'un traité de fauconnerie intitulé :

Libro de Cetraria de Caça de Açor, en el qual por differente stilo del que tienen los antiguos, que estan hechos, veran (los que a esta caça fueren afficionados), el arte que se ha de tener en el conoscimiento y caça destas aves, y sus curas, y remedios..... (Por D. Federique de Çuniga). En Salamanca, en casa de Juan de Canova, 1565, pet. in-4°.

Traité, fort rare, marqué au prix de 450 francs (baron Pichon). Il figure dans le Supplément de Brunet.

HERRERA.

Gabriel Alonso de Herrera, né à Talavera, s'occupa surtout d'agronomie, dont il composa un traité à la demande du cardinal Ximénès. Ce traité, en grande partie le reflet des agronomes grecs et latins, parut à Alcala en 1513, et eut, suivant Neumann, « jusqu'à vingt-huit éditions, dont aucune ne reproduit le texte original ».

On y trouve plusieurs chapitres relatifs à la médecine vétérinaire paraissant calqués sur ceux de Ruffus, Rusius, Crescens, etc.

ÉDITIONS ESPAGNOLES.

Libro de Agricultura, que es de la Labrança : y criança : y de muchas otras particularidades y prouechos de las cosas del Campo : copilado por Gabriel Alonso de Herrera.

1515. Alcala de Henares, in-fol.
1546. Toledo, Fernando de Santa Catalina Acabose, in-fol.
1563. Valladolid Francisco Fernandez de Cordoua, in-fol.
1584. En Medina del Campo, Francisco del Canto, in-fol.
1605. En Pamplona Mathias Mares, in-fol.
1620. En Madrid, la viuda de Alonso Martin, in-fol.
1645. En Madrid, Carlo Sanchez, in-fol.
1777.   —   don Ant. de Sancha, in-fol.
1790.   —   Jos. de Urrutia, petit in-fol.

« La Société économique de Madrid, dit Neumann, en a donné une nouvelle, conforme à l'édition princeps, dans son *Agricultura general, corregida y adicionada*. Madrid, 1818, 4 vol. in-8°. »

TRADUCTIONS ITALIENNES.

Libro di Agricoltura utilissimo, tratto da diversi auttori (da Gabriello Alfonso d'Herrera) nouamente venuto a luce, dalla spagnuola nell'italiana lingua traportato (da Mambrino Roseo da Fabriano).

1558. In Venetia, Tramezzino, in-4.
1568.   —   Sansovino, in-4.
1577.   —   Bonelli, in-4.
1583.   —   Zoppini, in-4.
1592.   —   Polo, in-4.

FRANCISCO DE LA REINA.

Francisco de la Reina, maréchal et hippiatre (Herrador y Albeytar) de la commune de Zamora, publia, vers le milieu du xvi⁰ siècle, un traité de médecine vétérinaire, dans lequel il passa en revue les maladies du cheval et tout ce qui intéresse l'extérieur de cet animal. Il est divisé en chapitres, rangés avec assez d'ordre et de méthode. Un des plus curieux est le chapitre 94, dans lequel il est parlé de la circulation du sang sous forme de demandes et de réponses. Mais, comme nous le verrons plus loin, à propos de l'anatomie et de la physiologie, ses définitions sont beaucoup trop vagues, trop inintelligibles même, pour être mises en parallèle avec la célèbre théorie de la circulation d'Harvey.

Le traité de La Reina, dans l'édition princeps de 1553, est suivi d'un traité de ferrure d'un auteur inconnu (fol. 59) et d'un travail sur la maréchalerie de Juan Vinuesa (fol. 66 verso), écrit en dialogues, corrigés et augmentés par La Reina.

Le travail de La Reina porte le titre suivant :

Libro de Albeyteria, en el cual se verán todas cuantas enfermedades y desastres suelen acaecer á todo género de bestias y la curacion dellas : assai mesmo se veran los colores y faciones para conoscer un buen cavallo y una buena mula. El más copioso que hasta agora se ha visto. Hecho y ordenado por el honrado varon Francisco de la Reina, herrador y albéytar : vecino de la ciudad de Zamora, agora de nuevo corregido y añadido por su mano con intento de dar claridad á todos los albéytares que son y fueren en estos reinos de España. — Zaragoza, 1553, por Agustin Millan. En 4º. 71 folios ú hojas. (Livre de vétérinaire, dans lequel on voit toutes les maladies et infirmités qui peuvent survenir à toutes espèces de bétail et leurs traitements. On y voit de même leurs couleurs, ainsi que la manière de bien connaître un bon cheval et une bonne mule. Le tout le plus amplement décrit qu'on ait vu jusqu'à ce jour. Fait et ordonné par honorable homme Francesco de la Reina, maréchal ferrant et vétérinaire, habitant de la cité de Zamora, de nouveau corrigé et augmenté de sa main avec l'intention d'éclairer tous les vétérinaires présents et futurs du royaume d'Espagne.)

L'hippiatrique de Francisco de La Reina eut 7 éditions :

1553. Zaragoza. Augustin Millan. in-4º, 71 ff.
1564. Burgos, Phelipe de la Junta.
1580. Salamanca. Iuan Perrier. in-4º. semi-goth.
1583. Alcalá de Henares. Sebastian Martinez. in-4º, 74 ff.
1603.   ..   —   Iuan Gracian, in-4º.
1623.   —   —   —   —   in-8º, 281 pages.
1647.   —   —   Maria Fernandez, in-4º, 396 pp.

Les deux dernières contiennent en plus les œuvres de Fernando Calvo.

Quelques auteurs croient que l'édition de 1553 n'est pas la première. Ainsi Heusinger cite des éditions d'Alcala de 1522 et de 1623, de Saragosse en 1551, de Burgos en 1564 et 1602.

L'édition de 1603 qui se trouve à la Bibliothèque nationale sous la cote   Tg $\frac{19}{27}$ a pour titre :

Libro de Albeyteria de Francisco de La Reyna añadido y emendado por el proprio Autor. Illustrado y glosado agora nuevamente por Fernando Calvo, Albeytar, vezino de la ciudad de Plasencia.

En Alcala. En casa de Iuan Gracian que sea en gloria. Año 1603, in-4°.

Elle comprend, au commencement, 9 feuillets non paginés : un pour le titre; un pour la dédicace au Roi ; trois pour la dédicace à Francisco de Caravaial, comte de Torrejon, Alferez, maître de cavalerie de Calatrava, Commandeur du camp de Almodovar ; 4 pour les gloses et sonnets.

Le texte vient ensuite. Il est paginé de 1 à 302 sur le recto seulement. L'ouvrage se termine par 5 feuillets non numérotés pour les tables.

Le traité de La Reina est paginé de 1 à 286. Il comprend 101 chapitres, dont chacun se trouve suivi d'un glossaire assez développé par Calvo.

A la page 287 est imprimé un traité de ferrure, dont le titre est le suivant : *Comiença el arte de Herrar, nuevamente hechio por nuevo estilo con suntil igenio.*

Un autre traité de ferrure termine l'ouvrage. C'est celui de Juan Vinuesa : *Comiença el tratado y arte de Herrar viejohecho por Iuan Vinuesa, y comiença primero diziendo que cosaes herrar.*

Parmi les maladies les plus importantes, signalées dans l'œuvre de La Reina, nous mentionnerons du chapitre 1 à 68 : la morve (muermo) ; la fourbure (aguadura) ; la lèpre (?) (albaraços) ; le lampas (lamparones) ou les écrouelles ; les espondas, peut-être les éponges ; les plaies du dos produites par le frottement de la selle (maladura) ; les vers intestinaux (rosanes) ; les luxations des épaules ; les affections de la bouche ; les gonflements (hinchazon) ; les démangeaisons (rascazon) : les maladies des yeux, des membres ; les tumeurs (lupia) ; les éparvins (esparvanes); les suros (sobrehuesas) ; les luxations; la contracture des nerfs ou plutôt des tendons (ancado) ; l'enclouure (clavo) ; la gale (sarna) ; ja courbe (corva) ; les grappes (grapa) ; les gavarros, sans doute le javart, etc.

Les chapitres 69 à 95 sont réservés à la matière médicale : emplâtres divers, résolutifs, préservatifs, digestifs ; onguents ; onguent égyptiac ; poudres corrosives, dessiccatives ; cataplasmes ; lavements, etc.

A la fin de l'ouvrage, il y a quelques indications sur les robes (ch. 97); sur la manière d'obtenir un bon cheval; sur les esprits vitaux ; ainsi que quelques formules, dont une d'Albert le Grand.

PÉRALTA.

Juan Suarez de Péralta, qui vivait à Mexico au xvie siècle, publia en 1580 un traité d'équitation et de mors : *Tratado de la Caballeria de la gineta y brida.*

A une date inconnue, il fit paraître un ouvrage de médecine vétérinaire, de 154 pages, qui, suivant Olalla, se trouverait à la Bibliothèque
nationale de Madrid, sous la cote L. 191. Ce livre, divisé en 69 chapitres,
parle des maladies principales du cheval, notamment du diagnostic de
ces maladies par l'examen du pouls et des urines ; ainsi que des différences de la boîte cornée et des meilleurs modes de ferrure. Dans le chapitre premier, l'auteur cite Absyrte, Crescens, Manuel Diaz, Hiéroclès,
Xénophon. Les quatre derniers se composent de formules pour éviter
la dépilation, pour guérir les crevasses.

Libro de Alveiteria, compuesto por D. Juan Suarez de Peralta, en el cual
se contienen muchos primores tocantes a la alveiteria nunca vistos ni oydos ni
escritos los autores ninguno moderno ni antiguo : especialmente lo que es curar
los cavallos y todas bestias de pata entera por pulso y orina, y donde se le hallará
el pulso, y como se conocera la orina, cuando demuestra por ella aumento de
sangre y crecimiento de umores, y los colores que demuestran en materia de
Alveiteria, no puestas en práctica ni en tehoria, sacado por esperiencia por D.
Juan Suarez de Peralta. Laus Deo amen. (s. l. n. d.).

En 4°, 154 hojas sin numerar, inclusa una tabla que va al final (Biblioteca
Nacional, L. 191).

(Traité vétérinaire composé par D. Juan Suarez Peralta, contenant beaucoup
de choses touchant la médecine vétérinaire, non encore décrites par aucun des
auteurs antiques ou modernes ; dans lequel il est spécialement question de la guérison du cheval et de toutes les bêtes par le pouls et l'urine, où il explique comment
on apprend à connaître le pouls et l'urine, quelles modifications cette dernière
subit sous l'influence de l'accroissement du sang et des humeurs, quels sont les
changements de sa couleur en vétérinaire...)

Perez.

En 1568 parut à Valladolid un livre de D. Luis Perez, traitant de
l'élevage du chien et du cheval, ainsi que des remèdes appropriés à
quelques-unes de leurs maladies. Olalla considère cet ouvrage comme
une extravagante compilation.

Del can y del caballo, y de sus cualidades, dos animales de gran instinto y sen-
tido, fidelisimos amigos del hombre. Por D. Luis Perez. — Valladolid, 1568,
por Chermat. En 8°. (Du chien et du cheval, des qualités de ces animaux de
grand instinct et sentiment, les plus fidèles amis de l'homme.)

D. Juan Ruiz.

Juan Ruiz, de la ville de Zedillo, « maestro albeitar », a publié, à la fin
du XVIe siècle, ou au commencement du XVIIe, un traité vétérinaire,
recueil d'observations de divers auteurs.

Ce recueil, dédié au roi, commence par un avertissement au pieux
lecteur : « al pio lector ».

Resúmen y Exámen de Albeiteria, con breves sentencias y exposiciones sacadas
de muchos autores, asi de la medicina y cirujia como de la albeiteria, en el cual se
trata de las enfermedades que suelen sobrevenir en el cuerpo de un caballo y

demás animales, que son el sujeto à donde esta facultad se ejercita, con sus operaciones : compuesto por el experimentado D. Juan Ruiz, vecino de la villa de Zedillo, maestro albéitar.

En 4º, 368 hojas. (Biblioteca nacional de Madrid, L. 183.)

(Résumé et examen de médecine vétérinaire avec brèves sentences et expositions tirées de nombreux auteurs en médecine et chirurgie vétérinaires, lesquelles traitent des maladies qui peuvent survenir dans le corps du cheval et des autres animaux, leurs traitements et leurs opérations ; composé par le très expert D. Juan Ruiz, habitant de la ville de Zedillo, maître vétérinaire. In-4º, 368 pages.)

SUAREZ.

D. Alonso Suarez, né à Torres, licencié en médecine à Talavera, a laissé une traduction espagnole des hippiatres grecs, des vétérinaires latins, ainsi que des œuvres de Crescens, Rusius, etc. Dans le prologue de son livre, imprimé en 1564 à Tolède, il parle de l'importance du cheval et de son intelligence. Dans le premier livre, il reproduit tout ce qui a été écrit sur le cheval par Xénophon, Crescens, Manuel Diaz, etc. Le deuxième comprend la traduction des œuvres médicales d'Absyrte, d'Hiéroclès, d'Hippocrate, de Laurentius Rusius, etc.

Olalla (p. 60) dit que c'est une œuvre rarissime, un des joyaux littéraires de l'Espagne, qu'il est très difficile de se procurer.

Eichbaum et Postolka pensent que Alfonso Forres ou Torres et Fuaras, cités par Henzen dans les *Verzeichnisse veterinärischer Bücher*, sont les noms déformés de Alonso Suarez.

Recopilacion de los mas famosos autores griegos y latinos que trataron de la excelencia y generacion de los caballos, asimismo como se han de doctrinar y curar sus enfermedades, y tambien de las mulas y su generacion. Agora nuevamente trasladados de latin en nuestra lengua castellana por el licenciado Alonso Suarez, y añadido en muchas partes de los modernos lo que en los antiguos faltaron, juntamente con muchas declaraciones en las margenes, las cuales son para mejor inteligencia y declaracion de la presente obra. Dirigido al illustre y muy magnifico señor Alvaro de Loaysa, señor de la villa de Huerta de Val de Carávanos. »

Toledo, 1564, par Miguel Ferrer. En folio, 193 hojas.

(Compilation des plus fameux auteurs grecs et latins qui ont traité de l'excellence et de la génération du cheval, ainsi que de la manière de l'élever et de guérir ses maladies, suivie de mêmes considérations sur les mulets et leur conception. Nouvellement transposée du latin en notre langue castillane par le licencié Alonso Suarez ; à laquelle sont jointes beaucoup des parties dont n'ont parlé ni les antiques, ni les modernes, avec nombreuses additions en marges, pour rendre plus intelligible la présente œuvre, dédiée à l'illustre et très magnifique señor Alvaro de Loaysa, seigneur de la ville de Huerta de Val de Caravanos. Tolède, 1564, par Miguel Ferrer. In-folio, 193 pages.)

VINUESA.

Juan de Vinuesa est l'auteur d'un traité de ferrure : *Arte de Herrar viejo*. On ne sait rien sur son compte, ni à quelle époque son œuvre parut pour la première fois.

Dans le *Catalogo de obras de veterinaria* attribué à D. Bernardo Rodriguez, imprimé à Madrid en 1790, il est dit que Juan Vinuesa devait être antérieur à La Reina qui le cite. De plus, l'édition de 1553 de La Reina contient aussi le traité de ferrure de Vinuesa. On le trouve encore à la suite de l'édition de 1603. Juan Alvarez Borges qui, un siècle plus tard que La Reina, écrivit *la Practica y observaciones pertenecientes a la Albeiteria*, a joint à son travail ceux de La Reina et de J. Vinuesa (Olalla, p. 66).

ZAMORA.

Pedro Lopez Zamora, *proto-albeitar* de la reine de Navarre, fit paraître en 1588 un ouvrage vétérinaire, dédié au roi Philippe II. Dans cette dédicace, il dit qu'il a consigné par écrit tout ce qu'il a observé pendant ses nombreuses années d'exercice, et tout ce qu'il a retenu de ses conversations avec Luis de Caceres, maître Ambrosio et Diego de La Reina, « *herradores y albeitares mayores* » de la cour du roi Ferdinand le Catholique.

Ce livre, dont Ramon Llorente Lazaro a reproduit la table dans sa bibliographie, s'occupe de toutes sortes de sujets : physiologie, pathologie, thérapeutique, hygiène, ferrure. Il se compose de 83 pages et comprend 88 chapitres écrits sous forme de dialogues. Il a probablement été composé par Zamora à un âge très avancé, car il dit « que, se voyant déjà vieux et pour occuper les derniers moments de sa vie, il va écrire sur la vétérinaire ».

En voici le titre :

Libro de albeiteria, que trata del principio y generacion del caballo hasta su vejez, y asimismo los remedios para curar sus enfermedades y de las mulas y otros animales ; muy útil y provechoso para todos los albéytares y cirujanos, y para otra cualesquier persona que tuvieren ó criaren los dichos animales. Escrito por Pedro Lopez Zamora, proto-albéitar del reino de Navarra.

Logroño Mathias Mares, 1588. En folio menor y 83 hojas, de IV et 94 ff. à 2 colonnes.

(Traité vétérinaire qui s'occupe du cheval de la naissance à la vieillesse, ainsi que des remèdes pour guérir ses maladies et celles des mulets et autres animaux très utile et profitable à tous les vétérinaires et chirurgiens et en outre à toute personne élevant ces dits animaux. Écrit par Pedro Lopez Zamora, premier vétérinaire de la reine de Navarre. Logroño. 1588. Petit in-folio de 83 pages.)

Gourdon (*Chirurgie*, t. I, p. XXXVI) dit que l'œuvre de Zamora est assez remarquable pour l'époque, que cet auteur a fait preuve d'un bon jugement, surtout en ce qui concerne le traitement des maladies; « on n'y trouve que fort peu la trace de cet empirisme grossier qui régnait alors presque exclusivement ».

IV

La médecine vétérinaire en Italie.

Les Italiens, de même que pendant la période médiévale, conservèrent, au XVIe siècle, la suprématie en ce qui concernait l'élevage, le dressage du cheval, et les soins à lui donner en cas de maladie. Très épris de l'art équestre, amants passionnés des chevaux, dont les races renommées furent pendant longtemps l'orgueil et la richesse de l'Italie, ils furent des premiers à formuler les règles de l'équitation. L'école de Naples, justement célèbre par des professeurs tels que Frédéric Grisone, Cesare Fiaschi et surtout Pignatelli, était connue des hippologues du monde entier. Ses élèves, brillants cavaliers, essaimèrent dans toute l'Europe, et la plupart des cours étaient pourvues d'écuyers italiens attachés aux haras royaux. Aussi nombreux sont les ouvrages traitant du dressage et de la pathologie équine.

Les traités d'équitation contiennent le plus souvent des aperçus sur les maladies du cheval, des recettes pour les maintenir en santé, les guérir quand ils sont malades. Parmi les principaux, nous citerons ceux de Frédéric Grisone, de Cesare Fiaschi, des Ferraro père et fils, de Claudio Corte de Pavie, de Pasquale Caracciolo, de Marco de Pavari, d'Ottaviano Siliceo, etc. Tous ces traités eurent une grande influence sur la médecine vétérinaire, bien que les préceptes en soient pour la plupart empiriques et le fruit d'une observation plus pratique que scientifique.

Non moins nombreux sont les ouvrages exclusivement vétérinaires, pour la plupart simples formulaires, tels que ceux d'Alphonse second d'Este, d'Abram, de Grilli, de Lanfray, de Vincent. Parmi les traités plus complets de pathologie équine sont à signaler ceux d'Alberto Magno, de Giordano da Todi, de Filippo Scacco, de Cito, de Ruini.

Les encyclopédies agricoles de Gallo, de Falcone, sont également à consulter au point de vue de l'élevage et de la pathologie des animaux domestiques. Il en est de même, relativement à la pathologie des oiseaux et des chiens de chasse, des traités de Biondo, de Carcano, de Giorgio, de Fracastor.

Enfin, pour terminer, nous signalerons l'important travail de Ruini sur l'anatomie du cheval; le traité de jurisprudence de Bonacossa; et l'encyclopédie d'histoire naturelle d'Aldrovandi.

Voici du reste, par ordre chronologique d'impression, la liste des ouvrages italiens ayant abordé l'étude des animaux domestiques :

1502.	ANONYME,	*Traité d'hippiatrique.*
1508.	MAGNO,	*Élevage et maladies du cheval.*

1532.	ABRAM,	*Formulaire thérapeutique.*
1541.	FOPPA,	*Traité d'hippiatrique.*
1543.	ANONYME,	*Traité des maladies du cheval.*
1544.	BIONDO,	*Pathologie canine.*
1547.	CARCANO,	*Traité de fauconnerie et de vénerie.*
1550.	GRISONE,	*Traité d'équitation.*
1550.	GALLO,	*Encyclopédie agricole.*
1555.	FRACASTOR,	*Pathologie canine.*
1556.	FIASCHI,	*Traité d'équitation et de ferrure.*
1556.	ALBERTI,	*Traité d'équitation.*
1557.	GIORGIO,	*Traité de fauconnerie.*
1557.	VINCENT,	*Formulaire thérapeutique.*
1560.	ANTONIO FERRARO,	*Traité d'équitation et d'agriculture.*
1562.	CLAUDIO CORTE,	*Traité d'équitation et d'hippiatrique.*
1564.	BONACOSSA,	*Jurisprudence vétérinaire.*
1564.	INGRASSIA,	*Parallèle entre la médecine de l'homme et celle des animaux.*
1567.	CARACCIOLO,	*Traité sur le cheval.*
1569.	ANONYME,	*Livre des marques de chevaux.*
1571.	GIORDANO DA TODI,	*Pathologie équine d'après les auteurs de l'antiquité.*
1581.	DE PAVARI,	*Traité d'équitation.*
1584.	ANONYME,	*Élevage, anatomie et pathologie du cheval.*
1584.	EMILIANI,	*Traité sur la rumination et les ruminants.*
1590.	CITO,	*Pathologie équine.*
1591.	SCACCO,	*Pathologie vétérinaire.*
1591.	GRILLI,	*Formulaire thérapeutique.*
1597.	FALCONE,	*Traité d'économie rurale.*
1598.	RUINI,	*Anatomie et pathologie du cheval.*
1598.	SILICEO,	*Traité d'équitation.*
1599.	LANFRAY,	*Formulaire thérapeutique.*
1602.	FERRARO fils,	*Traité d'équitation.*
1607.	FRANCINI,	*Traduction française de la pathologie de Ruini.*
1616.	ALDROVANDI,	*Encyclopédie des sciences naturelles.*
s. date.	GRATAROLI.	

s. date. ALPHONSE SECOND D'ESTE, *Formulaire thérapeutique.*

A cette liste doivent s'ajouter les réimpressions et les traductions en langue italienne et latine d'ouvrages antérieurement parus, savoir :

Réimpressions des œuvres en langue latine de Ruffus (1561, Venise ; 1561, Bologne) ; de Crescenzi, 1538, 1548 ;

Les traductions en langue italienne de Ruffus (1563) ; de Rusius (1543, 1548, 1559) ; de Crescenzi (1504, 1511, 1519, 1534, 1538, 1542, 1561, 1564) ; d'Agostino Columbre (1518, 1536, 1547, 1561) ; de Végèce (1543).

ABRAM.

Abram de Naples nous est totalement inconnu. Nous savons seulement qu'une collection de onze formules thérapeutiques, à l'usage des chevaux, a été insérée, en deux feuillets, sous le titre de : *Rossartznei Abram von Neapolis*, à la suite d'un ouvrage allemand anonyme, publié

en 1532 : *Marställerei, von Art, Errantnus, Erziehung... der Pferd* (Voy.
La médecine vétérinaire en Allemagne : traités anonymes).

ÆMILIANI.

Giovanni Æmiliani, médecin de Ferrare, a publié, en *1584*, à Venise,
un traité sur les ruminants. Ce livre de 122 pages, dédié au cardinal
Philippe Boncompagno, a pour titre :

Natvralis de Rvminantibvs historia, Ioannis Aemyliani ferrariensis, vario
doctrinæ genere referta. Cum triplici Indice : Autorum scilicet, Rerum et Syntagmatum. Venetiis Apud Franciscum Zilettum, 1584.
Bibliothèque d'Alfort, A. 249.

Il comprend 122 pages, plus, au commencement, 19 pages non paginées
pour le titre, la dédicace et les tables par ordre alphabétique. Il est
divisé en 8 chapitres ou syntagmatum où sont exposées les opinions
anciennes et récentes sur la rumination et les ruminants. L'auteur
s'occupe aussi des animaux pour lesquels la rumination est chose nécessaire et termine par des considérations sur les cornes et les dents.

ALBERTI.

Delprato (t. II, p. 138) signale un livre rarissime sur le cheval, écrit
par le fameux architecte toscan Léon Battista Alberti. Ce livre, cata-
logué dans la bibliothèque philosophique de Lippenio, porte le titre
suivant :

Alberti (Leon Bat.) Architecti Florentini Libellus de Equo animante ad
Lionellum Ferrariæ Principem, Basileae, 1556, in-8.

ALDROVANDI.

Les biographes d'Ulysse Aldrovandi ne sont pas d'accord sur l'époque
à laquelle il vivait. Ainsi, pour n'en citer que quelques-uns, Hœfer le
fait naître à Bologne, le 11 septembre 1522 et mourir dans cette même
localité le 10 novembre 1607. Michaud et Poujolat maintiennent la date
de naissance, mais fixent l'époque de sa mort, à soixante-dix-huit ans,
au 4 mai 1605, ce qui lui donnerait alors quatre-vingt-trois ans. D'après
Neumann et le *Grand Dictionnaire des sciences médicales* de Dechambre,
Aldrovandi aurait bien succombé à soixante-dix-huit ans, et aurait vécu
de 1527 au 4 mai 1605. L'Italien Delprato le fait vivre soixante-dix ans,
entre 1527 et 1597.

Reçu docteur en médecine en 1553, il obtint en 1560 la chaire de
botanique à l'Université de Bologne. Dès lors, il consacra tout son
temps et même sa fortune à l'étude des sciences naturelles. Ayant re-

cueilli dans ses voyages de nombreux matériaux et des collections remarquables, il conçut le plan d'une histoire naturelle d'une étendue telle, qu'il ne put faire imprimer de son vivant que quatre volumes, sur les treize dont devait se composer cette collection. Les autres furent publiés beaucoup plus tard d'après les notes qu'il avait laissées.

Son œuvre constitue une vaste encyclopédie des sciences naturelles, calquée en partie sur celle de Gesner, son contemporain. Mais il est peu méthodique, et il a accumulé une telle quantité de matériaux les plus divers, que la lecture de ses ouvrages, rédigés en latin, est longue et pénible. « On les réduirait, dit Buffon, à la dixième partie, si on en otoit toutes les inutilités et toutes les choses étrangères à son sujet : à cette prolixité près, qui, je l'avoue, est accablante, ses livres doivent être regardés comme ce qu'il y a de mieux sur la totalité de l'Histoire naturelle. » C'est qu'il ne faut pas oublier qu'à l'époque où Aldrovandi et Gesner publiaient leurs travaux, l'histoire naturelle, en tant que science, n'existait pas encore, et qu'ils restèrent les seuls corps de doctrine jusqu'à Buffon.

Des treize volumes in-folio attribués à Aldrovandi, quatre semblent devoir nous intéresser, parce qu'on y trouve pêle-mêle, avec des fables absurdes, des descriptions inutiles, quelques notions sur les maladies des animaux, empruntées en grande partie aux œuvres grecques et latines de l'antiquité et du moyen âge.

1° Le traité des quadrupèdes à pieds fourchus porte le titre suivant :

Ulyssis Aldrovandi Patricii Bononiensis quadrvpedvm omniṽ Bisvlcorṽ Historia. Iionnes Cornelivs Vterverivs Belga colligere incoepit Thomas Dempstervs Baro a Mvreskscotvs I. c. perfecto absolvit Marcvs Antonius Bernia denus in lucem edidit. Ad Illvstrissimvm et Reverendissimvm D. Paridem Lodroniv comitem Archiepiscopvm et principem Salisburgensem Sedis Apostolicæ Legatvm natvm cum Indice copiosissimo superiorem permissv cum Privilegio.
Bonon. Apud Io Baptista Ferronii, 1642, in-fol.
Bibliothèque de l'École d'Alfort.

Ce traité, mis en œuvre après la mort d'Aldrovandi, par Joannes Cornelius Uterverius, eut plusieurs éditions : trois à Bologne, en 1621, 1642, 1653, et une à Francfort en 1647. Il comprend 1040 pages, plus 12 pour les tables en grec et en latin à la fin, et 2 au commencement pour la dédicace. De la page 1 à 346 (édition de 1642), il est question du bœuf (livre I), dont nous allons indiquer, dans l'ordre même suivi par l'auteur, les principales questions traitées, pour donner une idée exacte de la composition de ce travail.

Synonymie et étymologie ; — genre, description ; — œgagropiles, avec figures ; — localités, avec représentation de plusieurs races de

bœufs ; — nature et mœurs ; — accouplement et parturition, avec une
figure du placenta ; — aliments et boissons ; — âge ; — procédés de
castration ; — dressage ; — présages ; — sympathie et antipathie ; —
augures et oracles ; — prodiges, avec figures d'animaux à deux têtes,
à plusieurs membres ; — rêves ; — hiéroglyphes ; — symboles ; —
portraits, sculptures, tableaux ; — numismatique ; — énigmes ; —
problèmes ; — lois divines et sacrées ; — morale et mysticisme ; —
utilisation pour les sacrifices; — idolâtrie; — histoire ; — mythologie ;
— apologie ; — proverbes ; — noms et surnoms ; — épithètes ; —
emploi dans le dépiquage, dans la traction, dans les spectacles, dans
la guerre ; — utilisation des cornes, du cuir et d'autres parties ; — etc.

Le livre 8 (p. 370 à 619) s'occupe du mouton ; le livre 9 (p. 619 à 724)
du bouc ; et le livre 10, du cochon, le tout d'après le plan que nous venons
d'indiquer pour le bœuf.

2º Le traité *De quadrupedibus solidipedibus* porte à peu près le même
titre que celui des bisulques. Comme lui, il a été revisé sur les notes
d'Aldrovandi par Joannes Cornelius Uterverius. On en connaît trois
éditions à Bologne : 1616-1617, 1639 et 1648, et une à Francfort en
1623. Il se compose de 495 pages in-fol.

De la page 1 à 294, il est question du cheval, dont le plan, un peu plus
développé encore, est conçu sur celui du bœuf. On y trouve en plus des
notions sur ses maladies, sur la purgation, la saignée, la cautérisation, etc. Viennent ensuite des études sur l'âne (p. 295 à 352), le mulet
(p. 358 à 381), l'éléphant.

3º Dans le *De quadrupedibus digitatis viviparis*, libri III, imprimé
à Bologne en 1621, 1637, 1642, 1645, 1665, se trouvent des descriptions
du chien (p. 482 à 564), du chat et d'autres quadrupèdes.

4º Enfin, l'ouvrage suivant : *Ulyssi Aldrovandi Patricii Bononiensis
Monstrorum historiæ cum paralipomenis historiæ omnium animalium
Bartholomæus Ambrosianus* ; Bologne, 1642, 1646, est un traité de
tératologie, plutôt humaine qu'animale. Mais, en feuilletant ce volume,
on y trouve çà et là, surtout à partir de la page 347, des planches représentant des cas tératologiques observés sur les animaux : animaux à
deux têtes ; animaux pourvus d'une seule tête et de deux corps distincts;
animaux à deux corps soudés par le milieu ; animaux à plusieurs membres variant de 2 à 8 ; animaux à figure humaine, à tête d'oiseau, etc.

Alphonse II.

Alphonse second d'Este, duc de Ferrare, qui, au xviᵉ siècle, surpas-
sait ses contemporains par sa munificence, et possédait la plus belle

race de chevaux, écrivit, ou plutôt fit écrire par Giov. Alberto Villano, son chevalier (gentiluomo), un ouvrage inédit traitant des remèdes les plus opportuns pour diverses maladies du cheval. Dans ce livre, dit Delprato (p. 131), ont été rassemblées de nombreuses formules provenant du Duc, des marchands de chevaux du Nord, ou du maréchal de Charles-Quint. Là sont également mentionnés d'autres recettes ou secrets communiqués par des princes contemporains d'Alphonse II.

1° Secret du duc Guglielmo Gonzaga qui se vantait de posséder un remède antique pour guérir la pousse (mélange d'yeux de poissons bouillis dans l'huile d'olive) ;

2° Secret du cardinal Hippolyte d'Este, capable de rétablir un cheval atteint de morve (ciamorro) ;

3° Secret du prince d'Urbino pour faire disparaître les suros, les crevasses ;

4° Secret du duc de Guise, composé de la graisse de 7 loutres, panacée universelle pour toutes les maladies ;

5° Remède du seigneur di Correggio pour guérir les chancres et fistules, composé de suc d'asphodèle, de chaux vive et d'orpiment ;

6° Emplâtre attribué au seigneur Francesco Médicis, grand-duc de Florence, pour guérir les luxations, les fractures.

Biondo.

Michel Angelo Biondo, médecin vénitien, traducteur de l'histoire des plantes de Théophraste, écrivit plusieurs ouvrages ressortissant de la médecine vétérinaire.

1° Un traité sur la chasse et les chiens de chasse, intitulé :

De canibus et venatione libellus, authore Michaele-Angelo Biondo, in quo omnia ad canes spectantia morbi et medicamina continentur... (Traité des chiens et de la chasse, dans lequel se trouve tout ce qui a trait aux chiens, à leurs maladies et à leurs traitements.) Romae, A. Bladus, 1544, in-4°.

Cet ouvrage est porté au catalogue de la Bibliothèque nationale (*Sciences médicales*, t. III) sous la cote Tg $\frac{34}{1}$, mais je n'ai jamais pu en avoir communication.

2° Della domatione del poledro, del suo ammaistramento, della conservatione della sanità del cavallo, et della utilissima medicina contro li sui morbi, opera molto necessaria ad ogni Imperatore degli eserciti, al bon soldato et gran consiglieri, da incerto philosopho anticamente scritta, et dedicata anchora ad uno de gli antichi Imperatori. Nuovamente perció venutá nelle mani del Biondo, da lui tradutta in lingua materna per vostra consolatione, et data in luce. (Du dressage du poulain, de la conservation de la santé du cheval, et des remèdes des plus utiles contre ses maladies, œuvre moult nécessaire à tout chef d'armée, au bon soldat et grands conseillers, écrite anciennement par un philosophe inconnu, et dédiée à un des anciens empereurs. Nouvellement parvenue entre les mains de Biondo, qui la traduisit en sa langue maternelle pour votre consolation et l'édita.)

Delprato (p. 135) considère ce deuxième travail comme un livre rarissime.

Bourgelat, dans ses *Elemens d'hippiatrique*, livre second, discours préliminaire, p. xiii et xiv, formule l'appréciation suivante sur Biondo :

« Le second (Biondo) est un servile traducteur de Ruffius (Ruffus) et de quelques Auteurs grecs, dont il eût éternisé les erreurs, s'il ne fût lui-même tombé dans l'oubli ».

BONACOSSA.

Ippolito Bonacossa publia en 1564 le premier ouvrage de jurisprudence vétérinaire, dans lequel il traite, en latin, 550 questions litigieuses relatives au cheval : accidents de route et d'auberges ; accidents causés par les chiens et les bêtes féroces ; difficultés surgies entre vendeurs, acheteurs, loueurs; vols et recels; legs et testaments concernant les chevaux, etc.

Compendiosus in materia equorum tractatus IV. — D. collegiati D. Hippolyti Bonacossae, nobilis Ferrariensis. Indicibus, Advocatis et Procuratoribus prosicuus. — Venetiis apud Franciscum de Senensem, 1564, in-8.

Ce tractatus fut divisé en trois parties, imprimées à des époques différentes : la première fut publiée à Venise en 1564 ; la deuxième à Ferrare par l'imprimeur Rossi, en 1564; la troisième, également à Ferrare, en 1565. — Ce volume, de 40 pages pour la première partie, de 36 pour la deuxième et de 26 pour la troisième, est dédié au prince François d'Este, marquis de Massa, etc.

Une autre édition parut, en 1574, sous le titre suivant :

Tractatus in materia Equorum. Mag. et Excellentiss. D. Hippolyti Bonacossae, Iu. Cons. ac nobilis Ferrariensis. Novissime ab ipso recognitus ac CLXXX quœstionibus auctus... Venetiis, apud D. Zenarum 1574, in-8, pièces liminaires et 199 p. Bibliothèque nationale, F. 24 200.

On signale encore d'autres éditions : 1590, petit in-8. — 1610, in-8, 199 pages. Bibliothèque nationale, F. 27 627. — 1678, Joa Veh, in-4.

CARACCIOLO.

Pasqual Caracciolo, patricien napolitain, écuyer de l'école de Naples, vécut au temps de Philippe II, roi d'Espagne et de Naples. Il publia 1567 en un ouvrage sur le cheval qui eut plusieurs éditions.

L'œuvre de Caracciolo, en dix livres, est un ramassis de tout ce qui

4

a été écrit sur le cheval. Il a mis à contribution non seulement les hippiatres de l'antiquité, mais encore ceux du moyen âge : Ruffus, Rusius, Crescens, Columbre, Mauro, Mosé de Palerme. Il s'est également servi des préceptes de ses contemporains, ainsi que de ceux qui l'ont quelque peu précédé, et il cite : Giov. Battista Ferraro, Liborio da Benevento, Luigi Vento, Maestro Vicino, Maestro Giovan. Marco, etc.

« Quel enthousiaste que Pasqual Caracciolo ! écrit Bourgelat, quelle masse d'érudition ! D'une monstrueuse fécondité naît une excessive disette : son ouvrage n'est en effet consacré qu'à la gloire du Cheval, et non à l'instruction des hommes ; la mémoire s'y perd dans un abîme immense de faits historiques ; l'esprit y est sans cesse transporté de régions en régions, de contrées en contrées, il se fatigue et s'épuise dans les courses inutiles qu'il fait ; à peine voudroit-il se fixer sur un objet, qu'il est entraîné vers un autre ; l'Epitaphe et l'Histoire de Bucéphale et de Pégase, l'explication de la mistérieuse allégorie de Bellerophon, l'Histoire d'Arion, la description des armures des Anciens et des soldats d'Alexandre, le pain dont ils étoient nourris, l'utilité de l'Arithmétique, les loix observées à Athènes, l'amour de Caligula pour son Cheval, la fidelité de celui de Nicomede, qui mourut et qui ne put survivre à la perte de son maître, les devoirs des Capitaines, la victoire que remporta Charles VIII, Roi de France contre un duc de Milan, la gloire de Charles-Quint, la dignité des Dictateurs et des Ambassadeurs, le char de Pompée tiré par des éléphans, l'éloquence de Cicéron, les noms divers accordés aux Ecuïers et aux Chevaux, les préceptes d'Euripide à son fils sur la discipline de la Cavalerie, le nombre des Phalanges Macédoniennes, l'institution des Jeux Olympiques, les combats des Gladiateurs, la justice des guerres selon les loix militaires, le ton et la manière dont Hector parloit à son Cheval, la génération des Hippocentaures, les louanges dûes à la taciturnité des Lacédémoniens, à l'adresse et à la légèreté des Numides, l'origine du nom de la Lune, ses effets sur les corps, la science des langues possédée par Mithridate, la signification des planettes, des principes sur la lumière et sur les couleurs ; que sçais-je enfin? l'apparition de S\[^t\] Jacques et de S\[^t\] Pierre sur des Chevaux blancs, la statuë d'or élevée à Delphes à l'honneur de ces Animaux, la généalogie de Jupiter, la valeur de Camille et de Sémiramis, la victoire de Scipion sur Annibal, la fable de Castor et de Pollux, de Pelops et d'Hippodamie, sont les moindres bigarrures qui forment le tissu d'un livre qui ne contient d'ailleurs rien d'intéressant et de vrai, et que l'on peut regarder comme un monument des égaremens d'une imagination surchargée par le poids et l'inutile fardeau d'un sçavoir que n'accompagne jamais le jugement. » (Bourgelat, *Elemens d'hippiatrique*, t. II. Lyon, 1751. Discours préliminaire, p. x à xiii.)

Bourgelat n'est pas tendre pour Caracciolo. Mais il ne faut pas oublier que cet auteur n'a jamais eu la prétention de faire œuvre de pathologiste, mais qu'il s'est efforcé, comme l'indique le titre même de son ouvrage : *La Gloria del cavallo*, de recueillir tous les documents épars, écrits en l'honneur du cheval, à la gloire du cheval. Du reste, nous allons brièvement indiquer les sommaires des dix livres qu'il a consacrés à ce solipède.

Premier livre. — Éloge du cheval, son utilité ; histoire des chevaux célèbres (Bucéphale, Boristène, etc.) ; sépultures de chevaux ; harnachements, ornements ; sacrifices de chevaux ; statues équestres, tableaux représentant des chevaux ; des chevaux dans la théologie et dans les allégories ; chevaux d'armes, la cavalerie à diverses époques, ordre équestre ; médailles, emblèmes, insignes représentant des chevaux.

Deuxième livre. — Du nom des chevaux chez les différents peuples ; invention des chars, de l'équitation ; des cavaliers les plus célèbres ; des noms de personnes dérivés du cheval ; des divers noms du cheval à tous les âges ; chevaux renommés ; jeux olympiques, cirques.

Troisième livre. — De la nature et complexion du cheval ; de ses qualités ; de son élevage ; de son dressage ; procréation du mulet ; du choix des reproducteurs ; des diverses parties du cheval utilisées en médecine ; de la monte et de l'accouplement des chevaux ; divers usages auxquels le cheval est employé ; de l'Hippomane et de ses effets ; du lait de jument, de l'hippophagie.

Quatrième livre. — Des robes ; des signes célestes et de leur importance ; des balzanes, épis ; des races les plus estimées en Espagne et en Italie ; races célèbres dans l'antiquité ; races principales d'Italie.

Cinquième livre. — De l'élevage et du dressage ; embouchures, brides, mors ; comment on doit tenir les rênes ; la marche, le saut ; les châtaignes ; les diverses espèces de selles.

Le *sixième livre* traite de la milice équestre, des légions romaines, de la cavalerie.

Les septième, huitième, neuvième et dixième livres ont trait aux maladies des chevaux et aux remèdes employés pour les guérir. — Le *septième* est pour ainsi dire un traité de pathologie générale dans lequel sont passés en revue les moyens de conserver le cheval en santé ; les aliments qui lui conviennent ou lui sont funestes ; les indigestions ; les saignées ; les hémorragies ; les purgations ; les refroidissements ; les animaux nuisibles. On y trouve aussi des notions sur le pansage, l'entretien du pied, la ferrure. — Dans le *huitième*, il est question des maladies internes et principalement de celles de la tête ou sous la dépendance du système nerveux ; des affections des yeux, des oreilles, du nez, de la bouche ; des organes de la respiration. — Dans le *neuvième*, l'auteur s'occupe principalement des maladies internes de l'appareil digestif ; des affections de l'appareil urinaire, des organes génitaux. On y voit aussi quelques indications sur la cautérisation par le feu et les caustiques ; sur les onguents, les cérats ; les maladies des reins et des lombes ; le diabète ; les diverses espèces de fièvre, la peste, etc. — Enfin le *dixième* livre est un traité de pathologie externe : abcès, plaies, tumeurs, luxations, fractures ; maladies du tronc, des membres, du pied. Le tout se termine par une planche représentant un cheval avec indication de lieu des principales maladies.

Après le dixième livre, un chapitre spécial est consacré à une cinquantaine d'affections du bœuf, mais très brièvement traitées, deux ou trois lignes pour chaque. En réalité, c'est plutôt un formulaire.

L'œuvre de Caracciolo a pour titre :

La gloria del cavallo, opera dell'illustre S. Pasqual Caracciolo divisa in dieci libri : ne quali oltra gli ordini pertinenti alla caualleria, si descriuono tutti i particolari, che son necessari nell'alleuare, custodire, maneggiare, et curar caualli ; accommodandoui estempi tratti da tutte l'historie antiche et moderne, con industria et giudicio dignissimo d'essere auertito da ogni Caualliero.

Con due tauole copiosissime, l'una delle cose notabili, l'altra delle cose medicinali. Vinegia. G. Giolito, 1567, in-4°.

On en signale cinq éditions :

1566. In Vinegia. Gabriele Giolito. in-4.
1567.   —   —   —
1585. (1) —   —   —
1589. In Venetia. Moretti. in-4.
1608.   —   Bern. Giunti, 2 vol. in-4.

A cette dernière est jointe l'œuvre de Giovan. Antonio Cito (Voy. ce nom).

Les éditions de 1567, de 1589 et de 1608 sont à la Bibliothèque nationale sous la cote Tg $\frac{19}{21 \text{ A. B}}$.

La Bibliothèque d'Alfort possède sous la cote F 825 l'édition de 1589, à laquelle se trouvent ajoutés des remèdes éprouvés et un court chapitre sur les maladies des bœufs.

L'édition de 1589 commence par 62 pages non numérotées, savoir :

Huit pour les dédicaces : l'une de l'imprimeur à son patron Giovanni Bentivoglio, l'autre de Caracciolo à Giovambattista et Francesco,

---

(1) L'édition de 1585 est cotée 25 francs dans le catalogue Cornuau.

« ses deux fils chéris » ; six comprennent onze pièces de vers de divers auteurs composées en l'honneur de Pasqual Caracciolo ; quarante-trois pour les deux tables, en deux colonnes, dressées par ordre alphabétique ; cinq pour le sommaire.

L'ouvrage même comprend 969 pages.

Après suivent 23 pages non paginées : une pour l'annexe de remèdes reconnus propres à toutes les maladies du cheval ; une pour une figure de cheval avec indication des principales maladies ; onze pour la description de remèdes appropriés à 60 maladies environ, énumérées par ordre alphabétique ; dix pour le formulaire de 50 maladies du bœuf.

CARCANO.

Francesco Carcano ou da Carcano, que d'autres désignent sous le nom de Francesco Sforzino da Carcano, descendait de la noble famille Carcano de Milan qui, en 1448, devant la persécution des Visconti, dut fuir de cette cité et se réfugier à Vicenza. Là Francesco devint le favori de Francesco Sforza, d'où le surnom de Sforzino qui lui fut donné. Il est l'auteur d'un traité de fauconnerie et de vénerie qui eut plusieurs éditions. Dans le premier livre du traité de fauconnerie, il parle des diverses espèces de faucons, de leur élevage, de leur dressage ; dans le deuxième, il s'occupe des autours et des éperviers ; le troisième est consacré aux principales maladies qui peuvent leur survenir, énumérées suivant l'ordre adopté par Démetrios. Dans le chapitre 31 et dernier, il décrit les instruments employés pour la cautérisation des oiseaux de proie. D'après Delprato (p. 90), cet ouvrage ne renfermerait rien de nouveau, il ne serait qu'une amplification de celui d'Agogo, mais il le loue pour sa méthode et la pureté du langage.

Il a pour titre :

I tre libri de gli Uccelli da rapina di Francesco Sforzino da Carcano ; ne quali si contiene la vera cognitione dell'Arte Struccieri, e il modo di conoscere, ammaestrare, reggere, e medicare tutti gli Augelli rapaci ; con un Trattato de Cani da Caccia del medesmo.
Vicenza, il Megietti, 1622, pet. in-8.
In Milano, Ghisolfi, 1645, in-12.
Cette dernière édition porte le titre de : Dell'Arte del Strucciero, con il modo di conoscere, e micare Falconi..... Bibliothèque nationale, Tg $\frac{38}{3}$.

D'après Huzard, il y aurait des éditions antérieures, publiées à la suite du traité de fauconnerie de Federico Giorgi, 1568.

Delprato mentionne les cinq éditions suivantes de la fauconnerie de Carcano :

1547. Venetia, Gioliti, in-8.
1568.   —   —
1622. Vicenza, Megietti, in-8.
1645. Milano, Ghisolfi, in-12.
1685.   —   —

L'édition de 1645 comprend 82 pages, plus 2 non paginées pour la table. A la page 4 se trouve une vignette représentant un oiseau de proie avec indication des lieux d'élection des principales maladies. A la page 5 figurent les principaux instruments destinés à la cautérisation.

Cito.

Giovanni Antonio Cito vivait à Naples au xvi siècle. Il nous est connu par un traité sur les maladies du cheval et des bovidés, publié en 1590, sous le titre suivant :

Del conoscere le infermita, che avvengono al cavallo, et al bue, co'rimedij à ciascheduna di esse, di Gio. Antonio Cito napolitano libri tre. Aggiunti alla gloria del cavallo. (De la connaissance des infirmités qui adviennent au cheval et au bœuf, avec les remèdes nécessaires à chacune d'elles.)

In Venetia Appresso i Gioliti, 1590, in-4°. (Bibliothèque nationale, Tg $\frac{8}{1}$.)

On le trouve aussi à la suite de la *Gloria del cavallo* de Pasqual Caracciolo, édition de 1608.

Ce travail, divisé en trois livres, comprend 136 pages, plus 3 feuilles non paginées pour la table alphabétique.

C'est une œuvre essentiellement vétérinaire, ainsi qu'on peut le voir d'après le sommaire que nous donnons ci-dessous.

Le premier livre (p. 1 à 48) passe en revue les principales maladies du cheval et du bœuf ; donne des indications pour les diagnostiquer, pour les guérir ; ainsi que des conseils pour l'achat et la vente des chevaux.

Dans le deuxième livre (pages 49 à 96) sont traitées les matières suivantes : du feu, dans quelles maladies faut-il y recourir ; de la manière d'arrêter les hémorragies ; des coliques ; des maladies qui adviennent aux bœufs (maladies des cornes, des yeux), de la pneumonie (*polmonaria*), etc. Mais ce qui domine, ce sont les maladies du cheval, entremêlées du reste avec celles du bœuf. Ce sont : les crevasses (crepatura) ; la pousse (bolso) ; les coliques ; les affections de la langue et de la tête ; les gonflements des nerfs (probablement les tendons) ; les hypertrophies des membres; le farcin (verme); et plusieurs autres, dont il m'est impossible de donner la traduction, les mots qui les expriment ne se retrouvant plus dans les dictionnaires actuels. On y trouve aussi des indications sur les os de la jambe ; sur l'action de la ciguë ; sur la diversité des veines, des robes ; sur la saignée, etc.

Le livre trois (pages 97 à 136) contient également sans ordre les maladies spéciales au cheval et au bœuf, savoir : des choses qui peuvent altérer le foie, le poumon, le cœur, le cerveau ; des maladies naturelles ; de la saignée au cou ; de la manière de conduire le sang d'un membre dans l'autre ; de la sécheresse de l'ongle ; du gonflement des testicules ; de la fièvre ; des coups à la jambe ; arrêt de sangsues dans le pharynx ; du mal de cerf (incordatura) ; des indigestions par surcharge ; des coliques ; de la dessolure ; de la sciatique (sciatica) ; de la gale ; de l'encastelure (incastellato) ; du mal de garrot ; du refroidissement ; des vers (lumbrici) ; etc. Çà et là se trouvent des indications ou plutôt des conseils sur les jours qui conviennent pour la saignée et l'ingestion des médicaments ; sur les différences entre les chevaux jeunes et vieux ; sur les ventes du cheval et ses usages à Naples ; ainsi que la brève description de quelques maladies du bœuf.

CORTE.

Claudio Corte de Pavie, un des maîtres les plus expérimentés en équitation, forma d'illustres écuyers, en Italie, avant de prendre du service à la cour de France.

Il a publié à Venise, en 1562, un ouvrage sur l'équitation, dédié au cardinal Alexandre Farnèse.

Son œuvre, dit Delprato, p. 118, écrite avec beaucoup de soin et dans un langage peu commun pour l'époque, montre que c'était un homme doué d'une rare érudition. Il a beaucoup compulsé ses devanciers et mis à contribution, comme il le déclare, les œuvres d'Aristote, de Pline, de Xénophon, de Crescens, d'Albert le Grand, de Columelle, de Varron, de Palladius, de Némésianus, de Plutarque, de Virgile, etc., et notamment celle de Rusius.

Le travail de Corte porte le titre suivant :

Il cavallerizzo di Claudio Corte di Pavia, nel qual si tratta della natura de' cavalli, del modo di domarli, e frenarli ; et di tutto quello, che a cavalli, et a buon cavallarizzo s'appartiene. (L'écuyer de Claudio Corte de Pavie, dans lequel sont traités de la nature du cheval ; de la manière de le dresser, de le brider et de tout ce qui concerne les chevaux et un bon écuyer.)

On en mentionne trois éditions :

In Venetia. Giordano Ziletti, 1562, in-4°.
In Lione. Pietro-Roussin, 1573, in-4°.
In Lyone. Marsiliij, 1573, in-4°.

Ercolani cite une édition de 1623, dans laquelle le prénom de Claudio serait remplacé par celui de Clément.

La deuxième édition de Lyon, de 1573, aurait été imprimée sous les auspices de Charles IX, roi de France, auquel elle était dédiée, par une dédicace de Corte, datée du 13 mai 1571 (livre 3, p. 134). Elle comprend 162 feuillets paginés seulement au recto et 2 de tables.

L'ouvrage de Corte, divisé en trois livres, est exclusivement un traité d'équitation. Toutefois, on y trouve çà et là des chapitres qui peuvent intéresser les vétérinaires et surtout ceux qui s'occupent de zootechnie.

Dans le premier livre, il traite du cheval, de son utilité, de ses qualités, de son élevage, de son dressage, des saignées nécessaires ; de l'âge et des robes (chap. 10 à 17), etc.

Tout le livre 2 n'a trait qu'au manège, à l'équitation et au dressage du cheval de selle.

Le troisième livre est divisé en trois dialogues entre Prospero Ricio de Milan et Claudio Corte. Il s'occupe de ferrure et se termine par ces mots: « Il fine Et laus Deo. Stampato in Lione per Pietro Roussin 1573 ».

GIUSEPPE FALCONE.

Le R. P. M. Giuseppe Falcone de Piacenza, frère carmélite, originaire de Toscane, publia vers 1597, à Piacenza, une chronique carmélite (*Cronica carmelitana*) très estimée.

Quelques années après, il faisait paraître un traité d'économie rurale : *La nuova vaga et dilettevole Villa*, qui fut imprimée pour la première fois en 1597 à Pavie, dédiée à Bernardino Mandello, comte de Caorso, (Delprato, 143) et qui eut plusieurs réimpressions (Huzard, t. II, 2483). Ce traité d'économie rurale, comme l'indique du reste le titre, a été composé d'après les œuvres de l'antiquité grecque et latine et les œuvres italiennes du moyen âge.

Cristoforo Poggiali, d'après Delprato, auquel nous empruntons ces détails, cite un autre traité dont Falcone serait l'auteur. Cet ouvrage, imprimé à Venise en 1619, semble être, ainsi que l'indique son titre, un traité de thérapeutique à l'usage des chevaux, ânes, mulets, bœufs, porcs, chèvres, etc. Delprato pense que ce travail ne contient rien de nouveau et que l'auteur a dû faire des emprunts à Giov. Battista Ferraro et Grisone.

A propos des maladies du cheval, Falcone cite Oratio Cavagni, de Piacenza, qu'il considère comme le premier maréchal de la Lombardie.

Falcone aurait décrit avec soin une maladie grave du poumon, la *polmonea*, qui pourrait bien être la péripneumonie, encore désignée de nos jours dans certaines campagnes sous le nom de *polmonic*.

« La *polmonera* est une maladie très grave. Vivement séparer l'animal malade des sains, car ce mal est aussi contagieux que la peste des bovidés. Laver les mangeoires avec de l'eau chaude, les nettoyer avec soin, et parfumer l'étable avec des herbes odorantes. » (Delprato, t. II, p. 145.)

Nous donnons ci-dessous les titres des ouvrages de Falcone :

1° Nuova et dilettevole Villa di Giuseppe Falconi Piacentino, opera d'Agricoltura piu che necessaria, etc., etc., estratta da tutti gli autori greci latini et italianii, che sin hora hanno scritto di tal materia, et di novo data in luce.

1597. In Pavia, appresso Andrea Viano, in-8.
1603. In Venetia. Moretti, pet. in-8 (H. 2483).
1612. In Venetia. Spineda, pet. in-8 (H. 2483).
1619. In Venetia, appresso Bonfadino, pet. in-8.
1691. Piacenza, nella stampa di Gio. Bazachi, in-4°.

Cette dernière édition, considérablement augmentée, porte le titre suivant :

La rinovata Agricoltura, e dilettevole Villa del P. M. Giuseppe Falconi piacentino, e d'altri Classici autori antichi e moderni, in tal professione ; divisa in diece parti.... In questa nuova impressione arrichita, ed accresciuta di moltissime cose notabili, tolte da piu Autori, per opera e diligenza di Giov. Bazachi 1691, in-4° (Huzard, t. II, n° 2486).

2° Rimedii di Giuseppe Falcone Piacentino, dove s'insegna molti e varii segreti per medicar bue, vacche, etc., etc.
1619. In Venezia. Per Giov. Battista Usso, in-8.

Ferraro (Giov. Battista).

Giov. Battista Ferraro, un des plus célèbres écuyers de l'école de Naples, composa plusieurs ouvrages :

1° Un traité d'équitation publié en 1560 et réimprimé en 1570 ;

2° Un traité d'agriculture accompagné de préceptes pour guérir les maladies des chevaux, des bœufs, des vaches, des chiens, des faucons. D'après Delprato, ce serait un résumé des travaux de Ruffus et de Rusius et de ceux qui antérieurement se sont occupés des maladies du cheval. Il cite en effet plusieurs hippiatres, notamment Marco et Mauro, à la page 78 de son troisième livre, à propos de la saignée ; à la page 101 relativement à un traitement des porreaux ; à la page 115 au sujet de l'éparvin. Au traité d'agriculture sont jointes deux planches représentant : l'une, l'anatomie des membres et des viscères du cheval, l'autre, les os, mais assez mal dessinés.

Voici les titres de ces ouvrages :

1° Delle Razze, disciplina del cavalcare et altre cose pertinenti ad essercitio cosi fatto, per il S. Giovan. Battista Ferraro, cavallerizzo napoletano.
1560. Napoli. Mattio Cancer, 1560, pet. in-4.

1570. Campagna. Nibio e Scaglione, 1570, pet. in-4. (Huzard, t. III, 4667-4668.)

Se trouve aussi dans l'édition 1620 de Ferraro (Pirro Antonio).

2° Trattato utile e necessario ad ogni Agricoltore, per guarire Cavalli, Bovi, etc., di Gio. Battista Ferraro, 1688. Macerata.

Sans date. Bologna et Bassano. Remondini, pet. in-12, parchemin, 96 pages, 2 figures.

1671. Bologna. Ant. Pisarri, pet. in-12, 106 pages, 2 figures.

1725. Venezia. Domenico Lovisa, pet. in-12, 84 pages, 2 figures. (Huzard, t. III, 2780-2783.)

Cette œuvre se trouve aussi imprimée à la suite des ouvrages de Pirro Antonio Ferraro, son fils. D'après Eichbaum, le traité d'agriculture de Ferraro, le père, aurait été traduit en allemand en 1751.

Le traité de J.-B. Ferraro est divisé en 4 livres.

Dans le livre premier, il parle des races de chevaux et des moyens d'avoir des chevaux estimés ; de généralités sur le cheval et son utilisation, du choix des reproducteurs, des soins à leur donner, de la monte, de l'élevage des poulains ; des diverses espèces de robes (25 chapitres).

Dans le second, il traite du dressage du poulain ; de la manière de le monter ; mentionne ses qualités et donne quelques instructions sur les devoirs du maître écuyer, parmi lesquels les soins à donner dans quelques maladies (18 chapitres).

Dans le troisième, dont les chapitres ne sont pas numérotés, il énumère quelques maladies et indique les moyens de les guérir, ainsi que d'en préserver le cheval ; il parle de la saignée, des jours favorables pour la saignée et la médication ; et donne quelques indications sommaires sur l'anatomie des os et des vaisseaux que représentent deux figures informes : l'une, un cheval ouvert pour montrer les viscères et les principaux vaisseaux ; l'autre, un squelette.

Le livre 4 est un traité de chirurgie ou de pathologie externe. L'auteur y passe en revue les maladies qui attaquent le tronc et les membres, et y traite aussi de la composition des onguents, des emplâtres, etc.

FERRARO (PIRRO ANTONIO).

Fils du précédent ; fit imprimer à Naples, en 1602, un ouvrage d'équitation divisé en 4 livres, précédé du traité de Giov. Battista Ferraro, son père.

Cavallo frenato di Pirro Antonio Ferraro napolitano, Cavallerizzo della Maesta di Filippo II, Re di Spagna. S.

Nella real cavalerizza di Napoli diuiso in Quattro Libri.

Con discorsi notabili, sopra briglie, antiche, Moderne, adornato di bellissime figure, et molte da lui inuentate. insieme con alcune Briglie, Polache, e Turchesche.

Et à questi Quattro Libri suosi. precede l'opera di Gio. Battista Ferraro suo padre, Diuisa in altri Quattro Libri, ridotta dall'Autore in quella forma, et intelligenza, che da lui si desiderana à tempo si stampo. doue si tratta il modo di conseruar le Razze, disciplinar Caualli, et il modo di curargli :

Vi sono anco aggivnte le figure delle loro anatomie et un numero d'infiniti Caualli fatti, et ammaestrari sotto la sua disciplina con l'obligo del Maestro di Stalla. Con licenzia de superiori et privilegio.

In Venetia, appresso Francesco Prati, in-fol.. 1620.

Bibliothèque nationale, Tg $\frac{19}{32}$. — Bibliothèque d'Alfort, F. 855.

Cette édition est cotée 90 francs dans le catalogue de Cornuau.

Ce n'est pas la première. Le catalogue de la bibliothèque d'Huzard en mentionne une de 1602, « in Napoli, Antonio Pace. 2 tomes en 1 vol. in-fol. »; et une autre de 1653 : « Venetia Gli eredi di Gio. Battista Combi, in-fol. ».

L'édition de 1620, dédiée par Francesco Prati au duc de Bracciano, contient deux ouvrages ayant chacun leur pagination.

Le premier, de 118 pages, plus 2 non numérotées pour la table, est l'œuvre de Gio. Batt. Ferraro, père.

Le deuxième, de 256 pages, ornées de 140 belles planches gravées sur bois représentant des mors et des brides, est dû à Pir. Ant. Ferraro, fils. Ce dernier ouvrage est divisé en quatre livres. Le premier traite des brides et des mors ; le deuxième des caveçons, muserolles, gourmettes et étriers ; le troisième est un dialogue entre Ferraro et Diégo de Cordoue, maître écuyer du roi, sur la manière d'emboucher les chevaux, de les brider, avec quelques brèves considérations sur les mors et particulièrement sur la bride espagnole ; le quatrième traite du même sujet et notamment des brides polonaises et turques ; le dialogue a lieu entre Ferraro et le marquis de Sant'Errano.

FIASCHI.

Cesare Fiaschi était gentilhomme de Ferrare, une des villes les plus brillantes de l'Italie au xvie siècle, célèbre par ses tournois et par sa race spéciale de chevaux « Estence », considérés comme les plus beaux de l'Europe.

Écuyer renommé, il fonda à Ferrare une école d'équitation et eut pour élève Jean-Baptiste Pignatelli, dont nous parlerons plus loin. Il publia en 1556 à Bologne un traité d'équitation dédié « au très chrétien et très victorieux Henry second, roi de France ». Cet ouvrage, qui eut de nombreuses éditions, dont plusieurs traductions françaises, est divisé en trois livres.

Le premier, en 43 chapitres, s'occupe du dressage et contient la reproduction de 40 figures de mors. Il est aussi question de la nature des chevaux frisons, turcs, sardes, napolitains, espagnols, etc., etc.

Le deuxième est un traité technique d'équitation. Le troisième et dernier, comprenant 35 chapitres, s'occupe exclusivement de ferrure et reproduit plusieurs espèces de fers. C'est, dit Mégnin, le premier traité complet de ferrure du cheval, et jusqu'à Lafosse, sans en excepter Bourgelat, ce qu'il y a de mieux sur cette question.

Fiaschi ne parle nullement de la pathologie du cheval, excepté dans quelques chapitres du troisième livre, où il est question de la ferrure pathologique. Les éditeurs ont comblé cette lacune en faisant suivre son traité d'équitation du traité de « Mascalcia » de Filippo Scacco.

L'équitation de Fiaschi a pour titre :

Trattato del modo dell'imbrigliare maneggiare et ferrare cavalli, diviso in tre parti, con alcuni discorsi sopra la natura di cavalli, con disegni di briglie, maneggi, et di Cavalieri a cavallo et de ferri d'esso di M. Cesare Fiaschi gentilhuomo Ferrarese.

ÉDITIONS ITALIENNES.

1re édition. — 1556. Bologna. Anselmo Giaccarelli, in-4.
              1561. Vinegia. Domenico de Nicolini, in-8.
              1563. Vinegia. F. de Leno, in-8.
              1564.   —   —
              1598. Vinetia Vincenzo Somasco, in-4.
              1603.   —   —   —
              1613.   —   —   —
              1628. Padova. P. P. Tozzi, in-4.

ÉDITIONS FRANÇAISES.

1564. Paris. Charles Perier, in-4.
1567.   —   —   —
1578.   —   Guill. Auvray, in-4.
1579.   —   Thomas Perier, in-4.
1661.   —   Adrien Perier, in-4.

Les éditions de 1563 et de 1603 se trouvent à la Bibliothèque d'Alfort sous les cotes F. 817, 939 ; elles figurent également à la Bibliothèque nationale sous les cotes Tg $\frac{25}{1}$ A. B.

La première traduction française a pour titre :

« Traicté de la manière de bien embrider, manier et ferrer les chevaux ; avec les figures de mors de bride, tours et maniemens et fers qui y sont propres. Faict en langage italien par le S. Cesar Fiaschi, gentil-homme Ferrarois et nagueres tourne en François ». A Paris, Charles Perier, rue St-Jean de Beauvais, au Bellerophon, 1564, in-4. Bibliothèque nationale, Tg $\frac{25}{2}$.

Ce volume, qui comprend 129 feuillets paginés au recto seulement, commence par 3 feuillets non paginés pour l'épître du traducteur, de Prouane, natif de Valfrenière, à très hault et puissant seigneur Jacques de Silly, chevalier de l'ordre du Roy, etc., datée « du chasteau de Montmirail ce XXII de Féburier, 1563. » Elle commence ainsi : « Monseigneur le bon accueil que je vous ay veu faire a Federic Grison et Pub. Végéce, dernierement que le seigneur du Poy Monclar vous les a presentes... m'a augmente l'affection que i'avoye de communiquer à toute la France, ce que le comte Fiasque nous a depuis vingt cinq ans laisse pour tesmoignage que de son temps en Italie, il a este des premiers qui sceut instruire le grand nombre d'escuyers, qui ont acquis une singuliere recommandation parmy vous ».

Plus loin, dans l'avertissement au lecteur, il se plaint d'avoir eu du mal à traduire Fiaschi qui « n'a pas use du vray et naif langage Toscan , ains se trouvent en son livre plusieurs phrases et mos resentans du terroir Ferrarois, dont l'idiome n'est pas commun avec les autres peuples citez et regions de l'Italie ».

L'édition française de 1578 (Bibl. d'Alfort, F. 940) comprend 104 feuillets paginés au recto seulement.

Le troisième livre de Fiaschi est le seul qui nous intéresse, directement. Il traite de la ferrure, et l'auteur, dans le chapitre premier, en forme de prologue, nous explique comment il a été amené à l'ajouter aux deux autres :

« I'ay pensé d'adiouster a ce traicté ce troisième liure, pour le prouffit et commodité notoire de tous bons cheualiers : entre lesquels s'en trouvera quelqu'vn des plus delicats, auquel ce subiet des pieds et ongles de cheuaux semblera trop bas et peu honorable pour sa qualité : attendu noméement qu'il est traicté par mareschaux viles personnes... »

Et il ajoute : « Il se trouve aujourd'huy bien peu de bons mareschaux : et encore en ceste rareté sont-ils de telle nature, que le plus souuent ferrans les cheuaux, ils ont plus d'esgard à leur proffit et aisance, qu'au besoing et commodité du cheval : tellement, que si le cheualier, à l'occasion de son ignorance, est contraint de s'arrester à l'opinion de son mareschal, il luy aduiendra aussi bien souuent de voir ses cheuaux ou enclouez, ou mal ferrez, ou autrement offensez et mal accoustrez, chose qu'on voit ordinairemant tous les jours escheoir par la paresse, ignorance ou malice des mareschaux ».

Voici la table de ce traité de ferrure comprenant 35 chapitres :

Chapitres.

Cet ouvrage est terminé par la reproduction des fers les plus employés :

Fers avec crampons en dehors dits à l'Arragonaise (alla Ragonesa); — fers à lunette (a lunetta); — fers avec un quart de fer en moins; — fers avec sciettes (seghetta) ou dentez, bordez, et renforcez en chascuns un quart; — fers renversés par les deux bouts de derrière; — fers avec bouton (bottone); — fers appelés vulgairement desferres, « lesquels sont de deux pièces joinctes l'une sur l'autre par le milieu auec une cheville de fer »; — fers qui s'appliquent sans clous.

FOPPA.

D'après Delprato (p. 133), le comte Ercolani aurait possédé un manuscrit de l'œuvre de Gaspare Foppa, intitulée : *Gloria del cavallo o Tesoro del Maniscalco.*

A ce manuscrit aurait été joint un permis d'imprimer, délivré en 1541, par le pape Paul III.

L'œuvre de Gaspard Foppa, qui fut pendant quarante-sept ans maréchal du comte Francesco Maria Della Rovere, général des armées de terre et de mer de la République de Venise, ne serait qu'une traduction des hippiatres grecs.

FRACASTORO.

Girolamo Fracastoro, né à Vérone en 1483, d'une ancienne famille patricienne, mourut le 6 août 1553, dans sa soixante et onzième année. Il eut comme médecin une réputation européenne, car, de Vérone où il exerçait, il fut appelé souvent en consultation à Venise, dans toute l'Italie, et même à l'étranger, auprès des têtes couronnées.

Sa renommée ne fut pas moins grande comme poète, et son poème en trois livres sur la syphilis (1), *sive de morbo gallico* ou mal français, en vers latins, passe pour un chef-d'œuvre.

Il a publié un ouvrage sur les maladies contagieuses, dans lequel il étudie ce qu'est la contagion et les diverses théories émises à ce sujet, puis passe en revue les principales maladies épidémiques de l'espèce humaine. Toutefois çà et là se trouvent quelques indications sur les épizooties. C'est ainsi que, dans le livre premier, chap. 12, il mentionne une maladie épizootique qui, en 1514, sévissait avec intensité sur les bœufs du Frioul et de la Gaule transpadane, dont la description ressemble beaucoup à la fièvre aphteuse.

Dans le livre II, chap. 10, il s'occupe de la rage chez l'homme, « l'apanage des chiens seuls, à l'exclusion des autres animaux ».

Le traité des maladies contagieuses se trouve dans l'édition complète de ses œuvres (*Opera omnia*) imprimée à Venise en 1555, in-4, — à Lyon en 1591, 2 tomes en 1 vol. in-8. Mais il a été tiré à part sous ce titre : De contagionibus et contagiosis morbis libri tres. Venise, 1846, in-4.

Léon Meunier en a donné une bonne traduction française :

---

(1) *Syphilidis, sive de morbo gallico libri tres.* Vérone, 1530, in-4.

« Fracastor (Jérome). Les trois livres sur la contagion, les maladies contagieuses et leur traitement. Traduction et notes par Meunier, docteur en médecine. Paris, 1893, in-16. Soc. d'éditions scientifiques. » Bibl. nationale, Td $\frac{48}{1\ bis}$.

Fracastor a publié aussi un petit poème en latin sur les maladies des chiens, intitulé : « *Alcon, sive de cura canum venaticorum* ». Alcon est le nom d'un vieillard, grand chasseur, que les années condamnent à l'immobilité. Il en profite pour léguer à ses fils ses armes, son chien, en leur donnant de sages conseils pour les instruire dans l'art d'élever et de guérir les animaux de l'espèce canine, dont voici brièvement le sommaire : Choix de races propres à la chasse ; choix de reproducteurs ; parmi les maladies il signale la fièvre, la fatigue, les sangsues au gosier, les clous au palais, les maladies de l'oreille, le pissement de sang, la chute de l'ongle, les morsures de chiens, de serpents, les piqûres de taons, de mouches, la gale, la rage. Il n'y a pas de symptômes décrits ; c'est une simple énumération de maladies, suivie de traitements insignifiants.

ÉDITIONS DE FRACASTOR.

Œuvres complètes.

Hier. Fracastorii Veronensis opera omnia, in unum proxime post illius mortem collecta.
Venetiis, apud Juntas, 1555, in-4°.
    —   —   1574, —
    —   —   1584, —
Lugduni, apud Franc. Fabrum, 1591, 3 part. en 1 vol. in-8°.
Genevae, apud Samuelem Crispinum, 1621, in-8°.
    —   Chouet,   1622, —
Genevae, typis Jacobi Stoer, 1637, in-8°.
Patavii, Josephus Cominus, 1718,   —
    —   —   1739, 2 vol. in-4°.
Veronae, typ. Berini,   1740, in-12.

L'*Alcon seu de canibus venaticis* manque dans les éditions des œuvres complètes de 1555, 1574, 1584, mais il est imprimé dans la plupart des autres.

Ce poème a du reste été publié à part dans d'autres publications, savoir, en ce qui concerne les principales : dans *Carmina illustrium poetorum italorum* ; dans les *Rei accipitrariae scriptores* de Rigault, Paris, 1612, in-4.

Il a été traduit en *français* par Latour dans : Poésies de M. Aurelius Olympius Némésien, suivies d'une idylle de J. Fracastor sur les chiens de chasse. Paris, Dufour, an VII (1799), in-18 (H. 5172).

En *italien* : Di Girolamo Fracastore. — L'Alcone, o sia del governo de cani da caccia, traslatato in rima.

In Napoli, Gennaro Muzio, 1756, gr. in-8°.

In Roma, — — — 1791, in-8°.

FRANCINI.

Orazio de Francini fit paraître, en 1607, à Paris, un traité d'hippiatrique, qui n'est que la traduction française de la seconde partie de l'œuvre de Ruini, son oncle, « *infirmita del cavallo e suoi rimedi* ».

Dans la dédicace à Rogier de Bellegarde, il dit : « Ayant à peine attaint l'aage de douze ans, le Seigneur Charlot Ruyna gentilhomme Boulonnois, mon Oncle, me logeant chez soy, me donna le premier ply et m'enseigna les Rudimens de sa profession ; que ie peus dire avoir esté l'un des meilleurs et scavans de son siècle : ie fus chez luy l'espace de douze ans, et comme le désir de voir la France me sollicitoit à chaque moment, l'ayant quitté ie me jette entre les bras du Seigneur Cauacque aussi mon proche parent, qui lors residoit à Lyon ».

D'après Neumann, il devint plus tard, écuyer du roi de France et aurait résidé plusieurs années à Lyon comme capitaine des chasses royales en Bourgogne. Francini y fait allusion en disant dans la préface de son œuvre que sa principale profession était de dresser et monter un cheval « comme escuyer ordinaire de sa majesté et exerçant l'académie en la ville capitale de votre gouvernement ».

Dans cette même préface, il ajoute qu'ayant trouvé le livre de Ruini dans les papiers laissés après sa mort, il le publia en son nom, après l'avoir revu, corrigé, augmenté « et même donné l'habit à la Françoise ».

« Tu trouveras, dit-il dans l'Avis au lecteur, en cet ouurage entier, les maladies et leurs origines, differences, remedes et medicaments composez, avec les simples, pourtraicts au naturel, le nom, vertu et façon d'appliquer, saisons de les cueillir et de les conserver encores ».

Hippiatriqve dv sievr Horace de Francini, escvyer ordinaire dv Roy, et capitaine des garennes en Bourgongne. Où est traicté des causes des maladies du Cheual tant intérieures qu'extericures : le moyen de le guarir d'icelles ; ensemble de la bonté et qualité d'iceluy.

A Paris, chez Clavde Morel, rue Sainct-Iaques, à la Fontaine. — Ex-libris, une fontaine. 1607. Bibl. Alfort, F. 891, in-4°. — Bibl. nationale. Tg $\frac{22}{7}$

Sous la cote F. 1890, la Bibliothèque d'Alfort possède une réimpression de Francini portant même date, même rue d'imprimeur. Il n'y a de changé que le nom, qui est ici Marc Orry, et l'ex-libris, qui est un lion rampant regardant des étoiles.

5

Dans le n° 891, il y a à la fin un erratum qui manque dans le n° 890.

D'après le catalogue de la bibliothèque d'Huzard, une deuxième édition aurait été publiée à Paris chez Siméon Piget.

L'édition française comprend au commencement 4 pages non numérotées pour la dédicace de Horatio D. Francino à Hault et Puissant Seigneur, Messire Rogier de Bellegarde..., grand Escuyer de France, et lieutenant général pour sa Majesté au gouvernement de Bourgongne, Bresse et pays adjacent ; 2 pour l'avis au lecteur ; 7 pour la table des chapitres sur deux colonnes.

Le texte est paginé de 1 à 554. Il est divisé en 6 livres qui sont exactement la traduction de la pathologie de Ruini, ainsi que j'ai pu m'en assurer en collationnant l'édition italienne et la traduction française. Nous en donnons ici dessous la table des matières :

LIVRE PREMIER.

1. — De la complexion des chevaux.
2. — De la complexion sanguine.
3. — De l'embonpoint.
4. — De la complexion colerique.
5. — De la complexion flegmatique.
6. — De la complexion melancolique.
7. — Des aages des chevaux.
8. — De la fievre.
9. — Des occasions universelles de la fievre.
10. — Des signes universels de la fievre.
11. — Des prognostics du Cheval febricitant.
12. — De la cure universelle de la fievre.
13. — De la fievre ephimere par chauds excez et autres occasions.
14. — De l'ephimere par apostemes
15. — De l'ephimere par repletion et corruption des viandes.
16. — De la fievre tierce.
17. — De la fievre quarte intermittente.
18. — Des fievres ardentes.
19. — De la fievre continuë pour occasion du flegme.
20. — De la fievre quarte continue.
21. — De la fievre pestilentielle.
22. — Des carbocles et inflammations pestilentielles.
23. — De la contagion.
24. — De la lepre.
25. — De la rongne et scabie des chevaux.
26. — Du mal de ver ou farcin.

LIVRE SECOND.

Prooeme.
1. — Du cerveau temperé.
2. —   ——   fort chaud.
3. —   —   fort froid.
4. —   ——   fort sec.
5. —   ——   fort humide.
6 —   —   fort chaud et sec.

60. — De la morfee.
61. — De la squinancie.
62. — Des estranguillons.
63. — Des avives.
64. — Des escrouelles.

LIVRE TROISIESME

1. — Des maux de cœur.
2. — Du battement de cœur.
3. — De la syncope.
4. — De la difficulté de respirer.
5. — De la peripneumonie.
6. — De la pousse.
7. — De la toux.
8. — Du sang qui sort de la bouche.
9. — Du marasme, cest à dire exsiccation de tout le corp .
10. — De l'anticore.

LIVRE QUATRIESME.

1. — De la douleur d'estomach.
2. — De la boulimie ou canine appetence.
3. — De la douleur du corps.
4. — Du flux de ventre.
5. — De la lienterie, etc.
6. — De la diarrhœe.
7. — De la dysenterie.
8. — De l'iliaque.
9. — De la colique.
10. — De la douleur humorale qui vient entre le péritoine et les intestins.
11. — Des vers.
12. — De la sortie et cheutte de l'intestin droit.
13. — De la douleur du foye.
14. — De l'oppilation du foye.
15. — De l'ictericie.
16. — De l'hydropisie.
17. — De l'enflure et dureté de la ratte.

LIVRE CINQUIESME

1. — Des apostumes et ulcères des testicules.
2. — De l'hernie.
3. — Du priapisme et satyriase.
4. — De la sortie du membre.
5. — Du cheval qui de soy iecte la semence.
6. — De la verge.
7. — De la cheute de la matrice.
8. — De la stérilité.
9. — Des signes des jumens pleines.
10. — Du gouvernement des jumens pleines.
11. — De la difficulté du part.
12. — Des secondines.
13. — De l'avortement des jumens.
14. — De faire desempleiner les jumens pleines.

54. — Du quart.
55. — De la seme.
56. — Des rompures des ongles.
57. — Des fentes des ongles qui s'appellent le mal de l'asne.
58. — Des creveures des fourchettes.
59. — Du mal des fourchettes semblables aux poireaux.
60. — De la séparation de l'ongle du vif du pied, et renouvellement d'icelle.
61. — De l'encloüeure.
62. — De l'embrochure.
63. — De l'atteinte.
64. — De la contusion des pieds.
65. — De la formie ou caruole du pied.
66. — Du javard.
67.
68. — Du fic.
69. — De la mauvaise composition des ongles et des pieds du Cheval.
70. — De l'encastelure des pieds de devant.
71. — Des cercles des pieds de devant du Cheval.
72. — Des pieds de coing.
73. — — de devant abbaissez et pleins.
74. — — tortus.
75. — — crochus.

GALLO.

Agostino Gallo naquit en 1499 à Brescia et y mourut en 1570. En 1550, il livra à l'impression un traité d'agriculture, d'abord divisé en dix journées et plus tard en vingt.

Haller, dans sa Bibliothèque botanique, parait peu satisfait de Gallo, tandis que Re le louange fort et que Camerarius déclare ses dialogues des plus élégants.

Ce traité, plusieurs fois réimprimé et notablement augmenté, porte les titres suivants :

1° Le dieci Giornate della vera Agricoltura, e Piaceri della Villa, di M. Agostino Gallo, in dialogo.
In Brescia. Bozzola, 1564, in-4.
In Venetia. Dom. Farri, 1565, in-8.
In Vinegia. Barilletto, 1566, in-8.
2° Le tredici Giornate della vera Agricoltura e de' Piaceri della Villa, di M. Ag. Gallo, nuovamente ristampate con molti miglioramenti, e con aggiunta di tre-Giornate ; con le figure de gli instrumenti pertimenti.
In Venetia. Bevilacqua, 1566, in-4.
3° Le vinti Giornate dell'agricoltura,... delle quale sette non sono più state date in luce, e tredici di nuovo son ristampate.
In Venetia. Percaccino, 1569, in-4.
— Borgomineri fratelli, 1572, in-4.
In Turino. Gli eredi del Bevilacqua, 1580, in-4.
In Venetia. Borgominerio, 1584, in-4.
— Imberti, 1596, in-4.
— — 1607, —
— — 1622 —

In Venetia. Imberti, 1628, in-4.
In Brescia. Bossini, 1775, in-4.

Il a été traduit en français par François de Belle-Forest, sous le titre de :

« Secrets de la vraye agricvltvre et Honnestes Plaisirs qv'on reçoit en la mesnagerie des champs, pratiquez et esperimentez tant par l'autheur qu'autres experts en ladicte science, diuisez en XX journées par dialogues. Tradvits en François de l'Italien de messer Avgvstin Gallo, gentil-homme Brescian, par François de Belle-Forest Comingeois. A Paris, chez Nicolas Chesneau, ruë Saincte Iacques, à l'enseigne de l'Escu de Froben, et du Chesne verd, in-4, 1571 et 1572. » Bibliothèque nationale, S. 4416.

Le livre de Gallo (traduction française) comprend 374 pages, plus, au commencement : 4 pages non numérotées pour la dédicace de De Belle-Forest (Paris, 22 may 1571) à Charles Tristan, « seig. du Pvy d'Amovr et Crapi, et aduocat en la court de Parlement » ; — 2 pour le prologue de Gallo ; — 2 pour l' « argumen de tout cest œuvre » ; — et 2 pour l' « advis au lecteur ».

Il y a ensuite 50 pages non paginées à la fin pour la table alphabétique sur deux colonnes.

Ce traité d'agriculture comprend divers chapitres relatifs aux animaux domestiques. Le livre onze ou onzième journée traite des veaux, des bœufs ; le douzième des moutons et des chèvres ; le treizième des chevaux ; le quatorzième des ânes et des mulets.

Dans chacune de ces journées, il est question de l'élevage et des remèdes applicables aux maladies de chacune de ces espèces. Dans le chapitre des bœufs, Gallo, sous le nom de *maladie polmonera*, décrit bien certainement la péripneumonie, dite encore *male disperato*, et donne le conseil de séparer aussitôt les animaux malades des sains. A propos des moutons, il mentionne une maladie contagieuse qui les fait périr en peu de temps, le *scaltrito* qui est peut-être le charbon.

GILLES.

D'après Ercolani (t. I, p. 440), Pietro Gilles (Gillius) aurait traduit et annoté l'histoire naturelle d'Élien. Dans le premier livre, il traite des quadrupèdes. Gesner a complété la traduction de Gilles.

GIORGI.

Federico Giorgi de Gazuolo est l'auteur d'un traité de fauconnerie, qui eut plusieurs éditions.

L'édition de *1645*, que j'ai pu consulter à la Bibliothèque nationale, sous la cote $Tg \frac{38}{3}$, a pour titre :

Libro di M. Federico Giorgio del modo di conoscere i buoni Falconi, Astori e Sparavieri, di farli, di governali et medicarli. (Livre de M. Federico Giorgio, de la manière de connaître les bons faucons, autours et éperviers, de les dresser et de les soigner.)

Elle comprend 136 pages, plus 8 non paginées (4 pour l'avis au lecteur, 4 pour la table). Ce livre a trait surtout à l'élevage des oiseaux de proie, mais on y trouve quelques chapitres relatifs à la manière de les traiter quand ils sont malades.

A la page 128 a été ajouté un traité des maladies du chien qui, d'après Delprato, n'appartiendrait pas à Giorgio, car, selon lui, il aurait été copié littéralement sur le livre de Carcano.

Le catalogue de la Bibliothèque d'Huzard mentionne six éditions de Giorgi.

In Vinegia. Giolito de Ferrari, 1557, 1558, 1567, 1568, pet. in-8.
    —   Altobello Salicato, 1573, pet. in-8.
In Milano. Ghisolfi, 1645, in-12.

Lastri cite une édition de 1607 faite à Brescia, à laquelle auraient été ajoutés le traité de Carcano et celui de Cesare Mancini. L'édition de 1568 et celle de 1645 comprennent également le traité de Carcano.

GRATAROLI.

Giulelmi Grataroli est cité par Amoreux (2ᵉ lettre, n° 59, p. 24) comme auteur d'un ouvrage vétérinaire intitulé :
Medicina equorum et domesticorum aliquot animalium remedia (sans date).

GRILLI.

Grilli, *alias* Sette, da Fabriano, maître d'écurie du cardinal Alexandre Farnèse, a publié :
Raccolta di varii segreti per medicar cavalli d'ogni sorta d'infermità. Roma (Donangeli), 1591. (Delprato, p. 153.)

GRISONE.

Frédéric Grisone, gentilhomme napolitain, un des écuyers de l'école de Naples, exerça une grande influence sur la destinée de cette école, dont la réputation s'étendit au delà même des frontières de son pays. Il s'adonna de bonne heure à l'équitation, et devint si habile écuyer que Henri VIII choisit deux de ses élèves pour enseigner cet art en Angleterre. Grisone publia en 1550 un traité d'équitation qui eut plusieurs éditions successives. Delprato en compte seize. Cet ouvrage fut traduit en allemand, en anglais, en espagnol et en français.

La première édition italienne parut en 1550. Elle a pour titre :

Gli ordini di cavalcare di Federigo Grisone, gentil-huomo napoletano. Con gratia et motu proprio di Papa Giulo Terzo : Et con privilegio dell'illustrissimo Re de Napoli, cher per anni dieci nô si deba stampare : et stampata in altri luoghi, non si possimo vendere. Anno Domini 1550. In Napoli, appresso Giouan Paulo Suganappo.

Vol. in-4° de 2 feuillets non chiffrés pour le titre et la dédicace de l'auteur à cardinal de Ferrare, Hippolyte d'Este ; de 124 feuillets de texte et 30 feuillets non chiffrés à la fin pour les figures de mors et les errata.

Le catalogue d'Huzard mentionne plusieurs éditions italiennes :

1550. In Napoli, appresso Giovani Paulo Suganappo.
1552. In Venetia, Vincenzo Valgrisi, pet. in-8.
1555-1556-1558. Pesaro. Bartholomeo Cesano.
1559. Napoli.
1559. Padoue.

A la Bibliothèque nationale, sous la cote Tg $\dfrac{19}{23,\ A.\ B.\ C}$, on trouve des éditions de 1569, 1571, 1582, 1584.

La Bibliothèque de l'École d'Alfort possède l'édition de 1558 (F. 823).

On signale deux traductions allemandes in-fol. imprimées à Augsbourg en 1570 et 1573 et une traduction espagnole de 1568 sous le titre suivant :

Reglas de la cavalleria de la brida, y para conoscer la complession y naturaleza de los cavallos, y doctrinalos para la guerra... Compuestas por el S. Federico Grison, y aora traduzidas por el S. Antonio Florez de Benauides, regidor de la ciudad de Baeça.

(A la fin) : *Impresso... en la ciudad de Baeça, 1568*, pet. in-4, nombreuses figures de mors.

Une note d'*Huzard*, qui se trouve sur le feuillet de garde, nous apprend que cette traduction espagnole de Grison est rare et qu'il n'a eu l'occasion d'en voir que deux exemplaires, celui-ci et un autre qui se trouve à la bibliothèque de l'École vétérinaire de Lyon.

Cette édition est cotée au prix de 40 francs, et l'édition italienne de 1552, 20 francs (catalogue Cornuau).

Enfin, le catalogue d'Huzard indique dix traductions françaises :

1559-1563-1568. Paris. Ch. Perrier, in-4.
1575. Guillaume Auvray, in-4.
1579. Thomas Perier, in-4.
1584-1585-1610-1615. Adrien Perier. in-4.
1599. Tournon. Claude Michel.

Cette dernière édition est très rare.

Ces traductions françaises ont pour titre :

L'Ecvirie dv S. Federic Grison, gentilhomme Napolitain.
En laquelle est monstre l'ordre et l'art de choisir, dompter, piquer, dresser et

manier les cheuaux, tant pour l'vsage de la guerre qu'autre commodite de l'homme.

Auecque figures de diuerses sortes de mors de bride. N'aguieres traduite d'Italien en François et nouuellement reueuë et augmentée et enrichie d'abondant de la figure et description du bon cheual.

A Paris, chez Thomas Perier, rue St-Iean de Beaunais a lenseigne du Bellerophon. Avec privilege du Roy, 1579.

Bibliothèque nationale. Tg $\frac{19}{24}$.

A l'édition de 1599 (Bibliothèque d'Alfort, F. 1070) est ajouté un chapitre spécial intitulé : « Plus les remedes tres-singuliers pour les maladies des cheuaux, adioustez par le Sr Francisco Lanfray, escuyer Italien ».

Cette édition de 1599 comprend :

1º Une dédicace de l'imprimeur à « Haut et puissant seigneur Iust Loys, de Tournon, conte de Rossillon, Gouverneur du haut et bas Viveroys, Seneschal d'Auvergne, Capitaine de cinquante homme d'armes des ordonnances de Sa Majesté »;

2º L'Ecuirie de Frederic Grison, paginée de 1 à 192 ;

3º Une planche représentant un cheval avec indication de lieu de 60 maladies ;

4º Six pages non numérotées comprenant les remèdes applicables à ces maladies, sous le titre de : « Les Maladies qui peuvent survenir à un Cheval avec les remèdes » ;

5º Douze pages non paginées comprenant le travail de Francisco Lanfray.

Le travail de Grisone est divisé en quatre livres, dans lesquels nous trouverons peu à glaner, car c'est surtout un traité d'équitation.

Dans le premier livre (pages 1 à 42), il y a des détails très intéressants sur l'examen du cheval par la couleur ; sur la diversité des robes et leurs qualités ; sur la conformation extérieure que doit présenter un bon cheval ; sur les meilleurs principes de dressage. Les autres livres ne s'occupent exclusivement que d'équitation. Dans le quatrième, il y a une description de mors, de pas d'âne, avec de nombreuses figures les représentant.

INGRASSIA.

Filippo Ingrassia, qui étudia la médecine à Padoue et à Naples, surnommé pour son savoir l'Hippocrate sicilien, est l'auteur de nombreux traités de médecine importants. Bien qu'il ne se soit pas occupé à proprement parler de la médecine vétérinaire, il doit néanmoins trouver place parmi nos auteurs du xvie siècle, parce que, dans un de ses opuscules, il a établi un parallèle entre les deux médecines et fait l'éloge de la nôtre et de ceux qui l'exercent.

Le titre de cet opuscule le déclare manifestement :

« Quod veterinaria medicina formaliter una eademque cum nobiliore hominis medicina sit, materia dumtaxat, dignitate seu nobilitate differens ; ex quo veterinarii quoque medici, non minus quam nobiles hominum medici, ad Regiam Protomedicatus offici jurisdictionem pertineant. Panormi, 1564, in-4 ; Venetiis, 1568, in-4 ». (Delprato, p. 139.)

D'après Neumann et Postolka, il aurait vécu de 1510 à 1580.

LANFRAY.

Dans la traduction française de Frédéric Grisone (Voy. ce nom) de 1599, est joint un travail intitulé : « Maladies qui peuvent survenir à un cheval et les remèdes à icelle par le sieur Francisco Lanfray, escuyer italien ».

Delprato pense que le nom de Lanfray n'est pas d'origine italienne.

Nous ne savons rien sur cet auteur, nous ne le connaissons que par le travail que nous venons de mentionner et dont nous allons donner le sommaire :

Remède pour guérir un cheval forbu dans six heures en quelque raison que ce soit.
Remède pour faire jeter la gorme.
— pour le cheval qui tousse.
— pour un coup de bâton à l'œil.
— pour un cheval qui se fait des crevasses.
— pour en temps d'este aux *boles* des pieds.
— pour guérir un javart.
— pour guérir dans deux jours un cheval qui a des eaux aux boies.
Remède pour guérir un cheval qui aurait un couart ou iovart (peut-être javart).
Remède pour tirer un suros.
— pour un jeune cheval qui a les jambes roides pour le grand travail.
Remède pour un cheval qui a des vessigons.
— pour un cheval qui aura faute d'alayne ou pour un grand mal d'estomach.
Remède pour un nerf féru.
— pour guérir une atteinte.
— pour un cheval auquel les pieds font mal pour estre débile de corne.
— pour un cheval subjet aux caterres.
— pour un cheval qui auroit de galle par le col.
— pour un cheval qui auroit douleur de ventre, qui soit prins en l'estable sans rien faire.
Remède pour guérir un cheval a qui les pieds font mal pour luy avoir trop serre ou casse le pied en le ferrant.
Remède pour un cheval encloue.
— quand un clou a serre le pied d'un cheval.
— pour un cheval qui pour le mal de teste est triple.
— pour faire tomber fics a un cheval.
— pour le mal de poictrine.
— pour difficulte d'uriner.

Sur la feuille de garde, la dernière, sont inscrites quatre formules manuscrites de la fin du xvie ou du commencement du xviie siècle : pour un cheval forbu; pour un cheval morfondu ou poussif; pour un cheval las de travail; pour un cheval blessé sur le garrot. (Bibliothèque d'Alfort, F. 1070.)

MAGNO.

Agostino Magno est l'auteur d'un livre sur l'élevage et le dressage d. cheval. Il ne nous est connu que par l'indication de l'ouvrage qu'il a publié, et qui eut plusieurs éditions mentionnées dans le catalogue d'Huzard, t. III, sous les numéros 3760 à 3764.

Ni Ercolani, ni Delprato, ni Eichbaum n'en font mention. Seuls Postolka et Neumann le citent d'après Schrader.

Libro della natura delli Caualli, et del modo di releuarli : medicarli : e domarli, et cognoserli ; et quali sono boni. Et del modo de farli perfetti. Et trarli dalli uicii li quali sono uiciati. Et del modo de ferrarli bene : et mantenerli in possanza : et gagliarli. Et de qual sorte morsi aloro si conuiene secondo le nature e uicii o qualita di quelli... (di Agostino-Magno). Impressum Venetiis, per Melchiorem Sessa, 1508, petit in-4°, 44 feuilles.

Impresso in Milano, per Ioh-Ang. Scinzenzeler, 1517, in-4°.

Stampato in Venetia, per Iouanne Tacuino, 1519, in-8° goth. 2 col.

Stampato in Vinegia, per Francesco Bindoni et Mapheo Pasini, 1537, pet. in-8° goth. 2 col.

Même localité, même libraire, 1544, pet. in-8°, 2 col.

MANCINI.

Cesare Mancini a publié, en 1575, un traité sur l'élevage des oiseaux de volière.

Ammaestramenti per allevare, pascere et curare gli ucelli, li quali s'ingabiano ad uso di cantare, opera nuovamente composta per Cesare Mancini, Romano. In Milano, appresso Pacifico Pontio, in-16, 1575.

On en cite d'autres éditions :

1645. Milano. F. Ghisolfi, in-16.
1725. Bologne.

D'après Delprato (t. I, p. 94), il serait inséré à la suite de l'édition de Giorgi de 1607.

Ce travail, comprenant 31 chapitres, 83 pages, traite de l'élevage des oiseaux chanteurs. On y trouve quelques brèves indications sur leurs maladies, notamment aux chapitres 13, 14, 15, 27, 30.

DE PAVARI.

Marco de Pavari est un écuyer vénitien qui, en 1581, fit paraître un traité d'équitation en italien et en français, signalé dans le catalogue d'Huzard, t. III, sous le n° 4680 :

Escuirie de De Pavari, Vénitien (en italien et en françois). Lyon, Jean de Tournes, 1581, in-fol. 54 pag. et fig.

Le texte italien est en caractères cursifs, le texte français en semi-gothique imitant la ronde.

Delprato (page 121) dit que cet exemplaire a été réimprimé à Lyon en 1737, sous le titre de l' « Écurie de Marco de Baveri ».

Ce livre très rare (Bibliothèque d'Alfort, F. 860) ne présente pour nous aucun intérêt, car il n'est question que du dressage du poulain pour l'équitation. L'auteur ne mentionne aucun des soins à lui donner, ni aucune maladie du cheval.

Le texte est sur deux colonnes ; à droite, le texte italien ; à gauche, la traduction française.

PIGNATELLI.

Giovanbattista Pignatelli, un des plus célèbres écuyers de l'école de Naples, était d'une famille noble, très estimée, dans laquelle l'équitation devait être en très grand honneur, car l'histoire enregistre plusieurs homonymes, Alexandre et Annibal Pignatelli, comme écuyers célèbres.

Ses connaissances extraordinaires en équitation lui acquirent, à l'école de Naples, une renommée qui s'étendit par toute l'Europe. De toutes parts affluèrent des auditeurs, parmi lesquels on comptait de la Broue et Pluvinel.

Il laissa un traité manuscrit sur l'équitation qui ne fut pas imprimé, intitulé :

Bellissimi Secreti da Cavalli di Pignatello. Diffinitione che vuol dir Arte veterali, o vero Mareschalcena.

Le catalogue d'Huzard mentionne plusieurs manuscrits de ce travail:

N° 3785. Petit in-fol., 204 feuillets, de 1598.
N° 3786. In-fol., 149 feuillets, du XVIIe siècle.
N° 4380. Manuscrit sur papier, de la fin du XVIIe siècle, contenant 84 dessins coloriés de J. B. Pignatello.

CARLO RUINI.

On ne connaît rien ou peu de choses sur la vie de Carlo Ruini qui fut presque oublié de tous les biographes. On ignore même jusqu'à la date de sa naissance. On sait seulement qu'il mourut, le 2 février 1598, tué par un membre de la famille de Dal Armi.

Il fit des études de droit pour succéder à son père, jurisconsulte renommé. D'après Panciroli, Carlo Ruini aurait été professeur de droit à Pise, à Padoue, puis à Bologne, où il résida en dernier lieu. C'est là que, devenu sénateur et possesseur d'une immense fortune, il fit bâtir le magnifique palais de Ranuzzi, qu'il habita.

Ruini n'a laissé qu'un seul ouvrage qui l'a rendu célèbre, car son traité d'anatomie et de pathologie du cheval eut de nombreuses éditions et fut traduit en plusieurs langues.

Cet ouvrage ne fut imprimé qu'après sa mort par les soins d'un de ses fils, Ottavio Ruini, qui servit Henri IV à la prise d'Amiens.

La première édition, imprimée à Venise en 1598, fut dédiée à César, duc de Vendôme, fils de Henri IV et de Gabrielle d'Estrées.

L'œuvre italienne de Ruini a pour titre :

Anatomia del cavallo, infermita, et svoi rimedii, Opera nvova, degna di qvalsivoglia Prencipe, et Caualiere, et molto necessaria a Filosofi, Medici, Cauallerizzi, et Marescalchi.

Del Sig. Carlo Rvini senator Bolognese.

Adornata di bellissime Figure, le quali dimostrano tutta l'Anatomia di esso Cauallo. Divisa in dve volvmi. De quali questo Primo, in cinque Libri copiosamente dichiara tutte le cose appartenenti alla detta Anatomia. Con due bellissime Tauole, vna de' Capitoli, et l'altra delle cose notabili. Con licenza de superiori, et Privilegio. In Venetia, 1618.

Appresso Fiorauante Prati. (Bibliothèque d'Alfort, F. 846.)

On cite les éditions suivantes :

1598. In Bologna, presso gli heredi di Gio-Rossi, 2 tomes en 1 vol. in-folio.
1599. In Venetia, Gasparo Bindoni, 2 tomes en 1 vol. in-folio.
1602. In Venetia, Gasparo Bindoni, 2 tomes en 1 vol. in-folio.
1607.   —   Lorenzo Basegio,   —   —
1618.   —   Fioraventi Prati,   —   —
L'édition de 1618 comprend sous cette date deux éditions différentes (Brunet)

Les éditions de 1602 et de 1618 se trouvent à la Bibliothèque nationale sous la cote Tg $\frac{19}{25 . A}$.

Klée mentionne la traduction allemande d'*Uffenbach* :

« Anatomia et medicina equorum nova, das ist neuwer Rossbuch von der Pferden Anatomy, Natur, Pflegung- und Heylung, zwei ausserlesene Bücher... Aus dess Edlen und Besten Caroli Ruini von Bononia. Italienis edition.

« Allen chur Fürsten, Grafen, Hern, Rittern, Adeln, Marstallern, etc. Zum nutzlichsten und nothvendigen Gebrauch auffs fleissigst ins Teusch gebracht durch Petrum Uffenbach, der artznei Doctoren. Bestalten Medicum, Physicum in Franckfurt a M., 1603, in-fol. »

Il n'y a pas de traduction française des œuvres complètes de Ruini. Horace de Francini, son neveu, n'a traduit que la partie relative à la pathologie, sous le titre de :

« Hippiatrique du sieur Horace de Francini, escuyer ordinaire du Roy,... où est traicté des causes des maladies du Cheval tant intérieures qu'extérieures :

le moyen de le guarir d'icelles ; ensemble de la bonté et qualité d'iceluy.
A Paris, chez Claude Morel, in-4, 1607. »

Pour plus de détails, nous renverrons à l'article consacré à de Francini, où nous avons donné la table des matières de son ouvrage qui est exactement la traduction donnée par Ruini.

L'Anatomie n'a jamais, à ma connaissance, été traduite en français, bien que quelques auteurs en mentionnent une traduction dans l'ouvrage suivant :

La vraye cognoissance du Cheval, ses maladies et remedes, par I. I. D. E. M. (Jean Jourdain, docteur en médecine), avec l'anatomie du Ruyni, contenant 64 tables en taille-douce, par le moyen desquelles on pourra facilement cognoistre toutes les parties du Cheval... Le tout tiré des anciens Autheurs Grecs, Latins, Allemans, Italiens, Espagnols, et autres Modernes qui ont écrit sur ce sujet.
Paris. T. de Ninville, 1647, in-folio.
Paris. L. Chamhoudry, 1654.

Bibliothèque nationale. Tg $\frac{19}{38.\ A}$. — Bibliothèque d'Alfort. F. 988.

Mais Jean Jourdain n'a nullement traduit l'Anatomie de Ruini. Il s'est borné à reproduire les planches et à traduire les légendes explicatives.

L'œuvre de Carlo Ruini, que nous allons examiner d'après l'édition italienne de 1618 (Alfort, F. 846), comprend deux tomes en un volume in-folio, ayant chacun leur pagination spéciale.

Première partie.

La première partie ou tome premier s'occupe exclusivement de l'anatomie du cheval et porte le titre que nous venons d'indiquer précédemment.

Elle comprend (*Anatomia del cavallo*) 247 pages, plus 2 non paginées au commencement pour la dédicace de l'éditeur à Paulo Giordano Orsino, duc de Bracciano, et 20 pages, à la fin, également non paginées pour les tables.

C'est un traité d'anatomie du cheval, divisé en 5 livres et enrichi de 30 planches sur bois hors texte que Jourdain (*La vraye connoissance du cheval, ses maladies et remèdes*. Paris, 1647) reproduit en disant dans sa Préface : « qu'il a ajouté la très-ample et très-exacte anatomie désignée (*sic*) après nature, par Titian très fameux Peintre de l'antiquité, composée de 64 tables en taille-douce ».

Le premier livre, divisé en 44 chapitres, traite de l'anatomie de la tête, des glandes salivaires, du cerveau, de l'œil, des oreilles, du nez, de la langue, etc., etc. — *19* planches, avec notes explicatives en regard, représentent des têtes de chevaux pour montrer la boîte cranienne sous ses différents aspects, le cerveau et ses enveloppes ; les maxillaires avec leurs dents ; les oreilles et les yeux avec leurs muscles ; la langue et l'os hyoïde. Les attaches des muscles de la tête et le trajet des principaux vaisseaux y sont aussi figurés.

Le deuxième livre, en 30 chapitres, représente l'anatomie de la région cervicale et de la partie antérieure de la poitrine (cou, larynx, trachée, cœur, poumons, médiastin, diaphragme, thorax, épaules). Le texte est suivi de *9* planches sur lesquelles sont figurés : les vertèbres cervicales en position ou séparées ; les muscles du cou et de la partie antérieure du tronc ; la trachée et la position qu'elle occupe ; le larynx ; le cœur ; les poumons ; les os du thorax, du rachis, du sternum.

Le livre 3, comprenant 22 chapitres, est l'anatomie (os, muscles, vaisseaux, nerfs) du bassin (cariola), du tronc, de la queue et de l'os sacré, ainsi que des viscères de la cavité splanchnique (foie, fegato), rate (milza), estomac, intestins, mésentère et péritoine, rein, vessie. Dix planches représentent ces divers organes, soit isolés, soit dans leur position, la plupart des gravures montrant un cheval, le ventre ouverte Une de ces planches est un schéma bizarre destiné à montrer la distribution de rameaux de la veine porte (porta).

Le livre 4 (16 chapitres) étudie les organes sexuels : testicules, verge (membro), vulve, matrice, vagin, ovaire, ainsi que le fœtus et ses enveoppes. Toutes ces parties sont reproduites en 10 planches.

Le cinquième et dernier, dans ses 24 chapitres, passe en revue les extrémités et toutes les parties qui en dépendent.

Ce livre se termine par 15 planches, dont 4 d'ostéologie pour les membres antérieurs et postérieurs et 4 pour la myologie de ces mêmes parties. Une planche représente un squelette de cheval ; trois des chevaux en écorché pour montrer la disposition des muscles. Trois autres figures schématiques indiquent la distribution des vaisseaux et la répartition des nerfs.

« On ne doit pas être surpris, dit Bourgelat, qu'un livre fait et composé dans un tems où l'Anatomie étoit encore dans son enfance ne nous offre que des connoissances imparfaites. Aussi, celui de Charles Ruini, qui n'est d'ailleurs qu'une simple et légère exposition anatomique du corps du Cheval, pèche-t-il, non seulement contre l'exactitude et contre la situation des parties qu'il a voulu décrire, mais encore contre leur tissure et leurs usages. » (Bourgelat, *Elemens d'hippiatrique*, Lyon, 1750, t. I. Discours préliminaire, VII, VIII.)

Certes, on constate bien quelques imperfections dans l'Anatomie de Ruini, inhérentes du reste à l'époque où il vivait, alors que cette science était à peine connue ; mais le travail de Ruini ne méritait pas un jugement aussi sévère. En tout cas, un traité de *247 pages in-folio* n'est certainement pas « *une simple et légère exposition anatomique* ».

Schrader (*Mag. f. Tierheilkunde*, 1855, vol. XXI) déclare que Ruini n'est pas l'auteur du traité d'anatomie. Il pense que cette œuvre est celle d'un médecin qui en aurait vendu le manuscrit à Ruini. Il prétend que Carlo Ruini, par sa haute situation, par sa richesse, par ses études de droit très approfondies, ne pouvait avoir fait par goût une étude considérée à cette époque comme indigne. Il est peu vraisemblable, ajoute-t-il, qu'un jurisconsulte aussi distingué ait pu connaître aussi bien l'anatomie humaine, comme on le remarque dans les descriptions comparatives de l'anatomie du cheval (Eichbaum).

Héring (*Thierarztl. Biographisch literarische Lexicon*, 1863) partage cette opinion et pense que cet ouvrage est l'œuvre d'un médecin travaillant sous l'impulsion de Ruini. Ce sont du reste des opinions purement hypothétiques, énergiquement combattues par Ercolani.

Quoi qu'il en soit, c'est une œuvre importante pour l'époque, et Cuvier la considère comme « la meilleure monographie anatomique de ce temps », bien qu'elle pèche parfois par l'inexactitude.

On croit généralement que Ruini a été le premier à décrire l'anatomie du cheval qui aurait été ébauchée par Léonard de Vinci. Ruini eut aussi, dit-on, le grand mérite d'avoir expliqué la circulation du sang. Mais nous verrons plus loin que, pas plus que La Reyna, il ne peut prétendre à effacer la gloire d'Harvey.

Deuxième partie.

La deuxième partie ou le deuxième volume du travail de Ruini porte le titre suivant :

Infermita del cavallo et svoi rimedii......... Volume Secondo.
Nel qvale in sei libri si tratta pienamente di tutte l'infermità del Cauallo, et suoi rimedij. Con due bellissime Tauole, una de' Capitoli, et l'altra delle cose notabili.

C'est un traité de pathologie du cheval, de 300 pages, plus 17 non paginées pour les tables. Il est divisé en 6 livres.

Le premier livre, comprenant 26 chapitres, s'occupe des tempéraments du cheval, sanguin, bilieux, phlegmatique, pituiteux, puis traite des maladies en général, des diverses espèces de fièvre, de la contagion, de la lèpre, de la gale, du farcin.

Le deuxième (64 chapitres) passe en revue les diverses maladies siégeant dans la tête ou ses dépendances : maladies du cerveau, rage (rabbia) ou fureur, vertigo, mal caduc ou épilepsie, apoplexie, léthargie, paralysie ou résolution des nerfs, tétanos ou contracture ; maladies des yeux (faiblesse de la vue qui rend le cheval peureux et ombrageux, ulcères de la cornée, ophtalmie, coups, ptérygion) ; maladies des oreilles (surdité, ulcères, abcès) ; maladies du nez (hémoptysie, polype, ozène) ; maladies de la langue (aphtes, plaies, pinzanese) ; maladies de la bouche, strangurie, avives (vivole) ; parotidite.

Dans le troisième (10 chapitres), il est question des maladies de poitrine : difficulté de respirer, syncope (peripleumonia) ; pousse (bolso) ; toux, hémorragie, etc.

Le quatrième, qui comprend 17 chapitres, traite des affections des principaux viscères abdominaux, estomac, intestin (diarrhée, dysenterie, coliques, vers, chute du rectum, du foie, de la rate, etc.).

Dans le cinquième (14 chapitres), il examine les affections afférentes aux organes de la reproduction : gonflement des testicules, priapisme ou satyriasis, prolapsus de la verge, écoulement involontaire du sperme, renversement de la matrice, stérilité, signes de la conception, parturitions difficiles.

Le sixième et dernier livre est réservé aux maladies des extrémités : maladies des articulations, sciatique, goutte, luxations, fractures, déchirures musculaires, ruptures tendineuses, vessigons (vescioni), capelets (cappellato), jarde (iarda ou zarda), courbe, suros (supra ossa), forme (formella), crevasses (crepacie ou creppatura), eaux-aux-jambes, seime, fissures de l'ongle ou mal d'âne, dessolure, enclouure (inchiodatura), fourmilière (formica ou caruolo), cerise (fico), encastelure, etc.

D'après Ercolani, non seulement Ruini aurait connu les travaux de ses devanciers, mais il les aurait dépassés par la description des symptômes des maladies, le pronostic, le traitement et surtout par l'ordre nosologique adopté, traitant d'abord des maladies générales pour aborder l'étude des maladies particulières à chaque organe.

D'après Ercolani, il aurait décrit le premier l'épanchement qu'on observe sur la tête du jarret et auquel il a donné le nom de cappelletto (livre VI, chap. 31). Il aurait bien décrit et différencié les maladies du sabot et la fourmi ou carruolo (livre VI, chap. 65). Il parle aussi des empyèmes ou épanchements dans la cavité thoracique ; de l'hémiplégie ; distingue les luxations simples des luxations compliquées, parle de la surdité, de l'exanthème coïtal qui se traduit sur le pénis par des ulcères ressemblant à des chancres syphilitiques (livre V, chap. 6). Il aurait aussi décrit le premier la spermatorrhée sous le nom de sfilato ou perte involontaire du sperme. Toutefois, Ercolani ajoute qu'il est possible que Dino di Pietro Dini en ait parlé avant lui.

Vitet dit que Ruini a mieux connu les maladies de l'espèce humaine que celles du cheval ; il en donne la preuve dans la description de certaines affections dont le cheval n'est pas attaqué.

Scacco.

Luigi Scacco di Tagliacozzo ne serait pas, d'après Delprato, un écrivain vétérinaire original, mais un simple plagiaire des œuvres de Végèce. Son traité de pathologie équine, qu'il publia en 1591, eut plusieurs éditions :

1591. In Roma. Paolo Blado, in-4°.
1603. In Venetia. Vincenzo Somasco.
1614. —   —
1628. Padova. Tozzi.

Mais on le trouve aussi à la suite de quelques éditions de Fiaschi (1603, 1628).

L'édition de 1603, imprimée à la suite de Fiaschi, a pour titre :

Trattato di Mascalzia di M. Filippo Scacco da Tagliacozzo. Diuiso in quatro Libri, ne'quali si contengono tutte le infermita de' Caualli cosi interiori, come esteriori, et li segni da conoscerle, et le cure con potioni, et untioni et sanguigne per essi Caualli. Et in oltre si son poste le Figure, che mostrano il modo, et il loco de sanguinare, et curare detti Caualli, et quando sia meglio curarli, et la descrittione della bontà et qualità di essi Caualli. Opera utilissima a Prencipi, a Gentilhuomini, à Soldati, et in particolare a Manescalchi. In Venetia, 1603. Appresso Vincenzo Somasco.
Bibliothèque de l'École d'Alfort, F. 939.

Cette édition comprend 146 pages, plus 3 feuillets non paginés pour les tables des deuxième, troisième et quatrième livres (il n'y en a pas pour le premier). Le livre premier a 52 articles ou chapitres ; le deuxième, 62 ; le troisième, 81 ; le quatrième, 55. Mais ce qui présente un grand intérêt, c'est que le texte italien est émaillé de 60 figures représentant des chevaux atteints de diverses affections. Parmi les plus intéressantes, nous signalerons :

Les figures représentant des saignées, au poitrail, à la veine thoracique, à la face interne des cuisses, à la jugulaire, le cou serré par une corde, à la tête, à l'angulaire de l'œil, aux jambes, au paturon, en pince, à la queue, au palais, aux membres antérieurs, etc. ; — des sétons au poitrail et sous la gorge ; — des cautérisations en raies, en gril, au cou, sur le dos, la croupe ; — des chevaux atteints d'hémoptysie, de diarrhée ; — des chevaux le corps couvert de boutons de farcin (verme chiamato farcino) ou de boutons de natures diverses ; — des chevaux atteints d'hypertrophie des membres, de gonflement de la tête, des testicules, de la verge, du jarret, du genou ; — un cheval prenant une fumigation ; — un cheval auquel on fait ingérer des liquides par la bouche, l'anus, au moyen d'une corne, etc.

Le livre premier contient les symptômes et traitements des maladies humide, sèche, sous-cutanée, farcineuse, de l'éléphantiasis ; les règles de la saignée, de la cautérisation ; des traitements préventifs d'automne, d'été, d'hiver. Là sont décrites diverses affections : inflammation du pied, maladies de l'estomac, syncope, hémoptysie, coliques ; règles générales pour conserver les animaux en santé ; composition de la potion appelée *diapente*.

Le livre second comprend les causes, symptômes et traitements des chevaux enragés (rabbioso) ou en fureur, atteints de frénésie, lunatiques ; des affections de la tête, des oreilles, des yeux, de la bouche ; de la gourme (gangole), des fistules du maxillaire, des jetages divers (mocci), des hémorragies nasales, des polypes du nez, des fractures et luxations de membres, des maladies du pied, du garrot, etc.

Le livre trois se compose de 81 chapitres et traite des affections suivantes : douleur des lombes, des reins, des testicules ; prolapsus de la verge ; hématurie ; dysenterie ; vomissements de sang ; arrêt de la sécrétion urinaire ; verrues ; porreaux ; maladies de la cuisse, des membres ; tétanos ; tympanisme ; maladies de la rate et du foie ; hydrophobie ou peur de l'eau ; épilepsie ; cheval frappé des astres, du soleil ; essoufflement ; vertige ; phtisie (tisico) ; maladies du flanc, de l'intestin ; toux ; gale ; manière de donner les potions aux malades ; animaux mordus par les serpents, les mygales, les araignées, les scorpions, les chiens enragés ; maladies causées par l'ingestion d'excréments de poule.

Le livre quatre, de 55 chapitres, est presque exclusivement réservé à la thérapeutique, à l'anatomie sommaire des os, des nerfs, des vaisseaux ; à la connaissance de l'âge.

SILICEO.

Ottaviano Siliceo fit imprimer, en 1598, un traité d'élevage et de dressage du cheval, qu'il dédia à Pietro Aldobrandini. Ce livre contient plus particulièrement des préceptes de manège ; mais on y trouve aussi d'utiles renseignements sur l'élevage, le dressage du cheval et le moyen d'en améliorer les races.

Scuola de Cavalieri, di Ottaviano Siliceo, gentiluomo Troiano, nella quale principalmente si discorse delle maniere et qualità de' cavalli, in che modo si debbono disciplinare et conservare, et anco di migliorare le razze. — In Orvieto. G. Battista Siliceo, in-4°, 1598. — (Huzard, 4681.)

GIORDANO DA TODI.

Le traité de l'Italien Giordano da Todi, qui fourmille de fautes d'impression, est une compilation des œuvres hippiatriques d'Hippocrate,

de Végèce, de Rufus, etc. Le premier livre est littéralement emprunté
à Hippocrate.

Opera di Mascalzia nella quale si contiene de molti bellissimi secreti medicinali, de animali inrationali, dove si mostra a guarire tutte infirmità che a detti
animali sogliono alle volte venire, cosa rara e bellissima non mai messa in luce,
Viterbo, per Agostino Colaldo, l'anno 1571, in-8, di carte trentasei numerate.

VINCENT.

Nous ne connaissons rien sur cet écrivain vétérinaire. Nous savons
seulement, par une traduction française de son travail, parue à Anvers,
en 1557, que Jean Vincent était « gentil-homme Neapolitain, maistre
de l'escuyrie du feu pape Paul III » (Alexandre Farnèse, 1534-1549).

C'est une compilation, un formulaire thérapeutique, sans indication
de symptômes, renfermant des remèdes bizarres et compliqués, mais
cependant exempts de sortilèges et de formules secrètes.

Ce petit recueil, d'une grande rareté, figure dans le catalogue de la

Bibliothèque nationale (t. III) sous la cote Tg $\frac{22}{4}$ Pièce.

« Receptes povr gverir cheuaulx de toutes maladies.
« Auteur M. Ian Vincent, gentil-homme Neapolitain. Maistre de l'escuyrie
du feu Pape Paul; traduict d'Italien en François. En Anvers de l'Imprimerie
de Christofle Plantin en la rue de la Chambre, à la Licorne d'Or, in-16, 1557.

Il comprend 21 feuillets chiffrés dont nous donnons ci-dessous la
table.

1. Pour coup donne ou heurt faict a ung cheval à l'œil autour d'iceluy.
— 2. Pour engraisser chevaulx. — 3. Pour morfondure. — 4. Pour la
toux. — 5. Pour la morve. — 6. Pour la gorme. — 7. Pour les
avives. — 8. Pour farcin. — 9. Pour cheval qui a les tranchoisons. —
10. Pour cheval qui ne peult pisser. — 11. Pour un cheval poulsif. —
12. Pour mules ou mulles traversaines. — 13. Pour surots. — 14. Pour
mallandres. — 15. Pour rongne vifve. — 16. Pour encloueure. —
17. Pour Javars. — 18. Pour rongnes et crevaces. — 19. Pour faire
avoir bon pied et ongle a ung cheval. — 20. Pour attaincte. — 21. Pour
cheval qui a la langue et la bouche entamée. — 22. Pour Araistes. —
23. Pour morsure de cheval d'un autre cheval. — 24. Pour le lampas.
— 25. Pour estorsure ou mesmarcheure. — 26. Pour cheval for-beu.

TRAITÉS VÉTÉRINAIRES ANONYMES.
1502.

Libro della natura delli cavalli. Et del modo di relevarli : medicarli : domarli :
et cognoscerli. Et quali sono boni. Et del modo de farli perfetti. Et trarli dalli
vicii li quali sono viciati. Et del modo de ferrarli bene : e mantenerli in possanza

et gagliardi. Et de qual sorte morsi a loro si conviene secondo de le' natura e vicii o qualita di quelli. Li quali sono tutti historiati in questo, etc. Item simelmente tratta della natura di relevar a medicar : governar : et mantenir Sparavieri : Astori : Falconi : et simili…

Au-dessous, une vignette, représentant la légende du pied coupé, un maréchal ferrant un pied de cheval placé sur l'enclume.

A la fin du volume on lit :

« Stampato in Vinegia Francesco Bindoni. 26 del mese de Aprile, 1537. »

Bibliothèque d'Alfort, F. 815.

Ce volume comprend 43 feuillets numérotés seulement au recto, le texte italien sur deux colonnes, caractères gothiques, plus 10 feuillets non paginés représentant chacun quatre figures de mors.

Les feuillets 1 à 38 sont réservés au *Libro della natura delli cavalli*, sans nom d'auteur, divisé en 111 chapitres, comprenant environ cent maladies du cheval.

Aux feuillets 38 à 43 on trouve le travail de maître Agosto Mago Re sur l'élevage et les maladies des oiseaux de proie : *Opera nobillissima composta per lo eccelente Maistro Agosto Mago Re de tutti le passione che viene a Falconi, Astori e Sparavieri.*

Ces ouvrages ont eu plusieurs éditions :

1502. Venetiis per Johanne Baptista Sessa, in-4°. la plus ancienne connue.
1508. Venetiis per Melchiorem Sessa. in-4°, mentionnée dans le catalogue d'Huzard. t. III, n° 3760, vendue 20 francs ; et dans le catalogue Yemeniz, n° 1019. achetée au prix inexplicable de 505 francs.
1517. Milano, Scinzenzeler, in-4°.
1519. Venetia, Jouanne Taccuino, pet. in-8° goth.
1537. Venetia. Bindoni. in-4°.
1544. Venetia, Maph. Pisini, pet. in-8° de 55 ff.

1543.

Opera della medicina de cavalli, composta da diversi antichi scrittori, et a commune utilità di greco in buona lingua volgare ridotta. Venetia, stampata per M. Tramezano, in-8.

Les catalogues d'Huzard et Francesco Zambrini (*Le opere vulgari a stampa dei secoli XIII et XIV*) mentionnent 3 éditions petit in-8, à Venise, deux (celles de 1543 et 1548) imprimées par Tramezzino et la troisième par Girolamo Giglio.

Une de ces éditions figure dans le tome III du catalogue des sciences médicales de la Bibliothèque nationale sous la cote Tg $\frac{18}{19}$, mais je n'ai pu en avoir communication.

1561.

Norma seu regula equorum. Bononiæ, 1561, in-4°.

Ce travail est cité par Pozzi dans l'index du tome I de la *Zoojatria*. Amoreux (deuxième lettre, n° 56, p. 24) dit que c'est un traité d'équitation sans description d'aucune maladie. Vitet (p. 50) dit de même.

1584.

Scielta di notabili avertimenti, pertinenti a' cavalli ; distincta in tre libri.

Nel primo si descriue quel che adoperar si deue per far razze eccellenti.

Nel secondo spiegasi l'Anatomia de' Caualli ; et narransi le cause d'ogni loro interna indispositione, et le cure a lor necessarie.

Nel terzo si ragiona della chirurgia, et del' suoi effetti.

Col ritratto del Cavallo : oue si ueggono tutti i suoi morbi, co' medicamenti applicati a loro.

In Venetia, Appresso gli heredi di Luigi Valuassori, e Gio, Domenico Micheli, 1584.

Bibliothèque d'Alfort, F. 827.

Ce livre a 71 pages numérotées, y compris le titre et la table ; plus 11 pages non paginées, comprenant :

1° Une figure de cheval avec indication de lieu de plus de soixante maladies ;

2° La description sommaire des traitements de ces affections sous le titre de : *Rimedii applicati alle infermità che i cavalli patiscono.*

LES LIVRES DES « MARCHI ».

Ce sont de petits livres rarissimes contenant les principales marques (environ 85) des races chevalines les plus estimées en Italie et dans les contrées voisines.

Marque des chevaux de l'empereur, race de Puglia, la meilleure ; marque des Zannetti des chevaux de l'empereur de Calabre ; marque des races de chevaux du royaume de Naples ; marque de la race du cardinal de Ferrare, don Hippolito da Este ; marque de Ferranto, Fabritio et Cesare Pignatello. Parmi les marques françaises, nous citerons celles du cardinal de Lorraine, du roi Henri de France, du duc de Guise.

Les plus nombreuses de ces marques sont des monogrammes plus ou moins encadrés ; cependant les livres des « Marchi » en signalent d'autres assez curieuses : celles du cardinal de Lorraine, une croix lorraine surmontée d'un chapeau de cardinal ; celle du roi Henri, une H dans un écusson surmonté d'une couronne ; marque de Vico, une paire de lunettes ; marque du duc de Gravina, une fleur à cinq pétales ; marque du cardinal de Ferrare don Hippolito d'Este, une branche de cerisier ; de Sto-Lochito, croissant surmonté d'une croix ; du comte Altavilla, rond encadré de flammes ; de la Sra Aurellia Sanseverina, deux ronds concentriques ; de Cesare Pignatello, un losange avec, au centre, une ancre ; du royaume de Naples, trois ronds entrelacés, etc.

Les livres des marques contiennent aussi 13 pages de texte ayant rapport aux principales maladies du cheval, 60 environ, espèce de formulaire très concis, dont voici le titre :

Queste sono le infermita che patiscono i Cavalli, col modo di curarle e sanarle ; e di nuovo aggionto nel fine una bellissima diceria, dove si contiene le cose piu importanti.

Ce texte est suivi d'une planche représentant un cheval avec indication de lieu de soixante maladies.

Les livres des *marques* ont pour titre :

Libro de Marchi de cavalli, con li nomi de tutti li principi et privati signori che hanno razza di cavalli.
In Venetia, appresso Nicolo Nelli. Pet. in-8, 1569.
Bibliothèque d'Alfort, F. 812. 813, 814.

Ce livre rarissime a eu plusieurs éditions et même des réimpressions. Ainsi l'un d'eux, inscrit sous la cote F. 814 de la bibliothèque de l'École vétérinaire d'Alfort, également édité en 1569, a le même format, le même texte, les mêmes figures que celui inscrit sous le n° F. 812, mais dans celui-ci le texte est après les planches et les caractères ne sont pas identiques.

Le catalogue de la Bibliothèque nationale mentionne sous la cote

$$\text{Tg} \dfrac{19}{22.\,\text{A. B.}}$$ deux autres éditions :

A. In Venetia, appresso Nicolo Nelli, in-16. Réserve, 1569.
B. In Venetia. B. Giunti, in-16, 1588 (1).

Brunet et le catalogue d'Huzard en décrivent deux autres :

In Venetia, Nicolo Nelli. in-12, 1593.
    —   Ciotti, in-12, 1626.

Lastri en cite une de 1779. Delprato indique comme étant la plus ancienne celle de 1567, imprimée à Venise par Nelli.

Ces éditions sont sans nom d'auteur.

Il nous reste à signaler un autre livre des Marques, dû à J.-B. Cappello :

« I veri desegni de' Marchii di tutte le piu famose Razze di Caualli, che sono in Regno, raccolte da Giambattista Cappello. — In Napoli, Appresso Gioseppe Cacchii, petit in-8, 1588. — Bibliothèque d'Alfort, F. 816.

Ce petit livre, très rare, a le même format que les autres livres des « Marchi », mais il est plus épais. Il comprend 47 feuillets numérotés

---

(1) Ce livre est cité par le Dr *Charvet*, dans « Recherches historiques sur les marques de chevaux d'Italie et d'autres pays » (p. 414 à 430). — *Journal de médecine vétérinaire et de zootechnic*, 1883.

seulement au recto, et 368 marques, en grande partie différentes de celles des autres publications similaires. Il contient aussi 13 pages non paginées pour le formulaire dont nous avons parlé à propos des précédentes éditions des livres des Marques.

TRAITÉS MANUSCRITS.

1° Opera di marescalcia por Franceschino Sodetto cavallarizzo generale del conte di Pitigliano (manuscrit copié par Crocino, le 24 février 1569).
Raynaud. Inventaire des manuscrits italiens de la Bibliothèque nationale de Paris. Paris. 1882.

2° Dessins. lavis de mors de chevaux avec texte explicatif, signé et daté. — Silvestro Vanzy. Ferrarese. — (*Raynaud. loc. cit.*)

3° Scrittori antichi di Mascalcia. Mns du xvi° siècle. Écritures diverses. Traduction italienne de l'hippiatrique, 21 p. Bibliothèque nationale. Mss. italiens, n° 58 (anc. 7248) (Morsand).

4° Trattato di Mascalcia. Manuscrit du xvi° ou xvii° siècle. — Bibl. nat. Mss· italiens, n° 937 (anc. 7735) (Morsand).

5° Trattato di medicina veterinaria, fol. 129. A la suite de divers traités de fauconnerie. Papier, xvi° et xvii° siècles. Bibl. nat. Fonds français, n° 622 (anc. 7099³).

6° Trattato di mascalcia, xvi° siècle. — Bibl. de Chartres, n° 489 (Mazzatinti).

7° Trattato di veterinaria. Cart. xvi° siècle. 230 ff., n° 615 (1778). — Giuseppe Biadego (Catalogo descrittivo di manoscritti della biblioteca communale di Verona. Verona, 1892).

8° Libro della natura dei cavalli. 74 chap., f. 53, 56, xvi° siècle, a. 341.1 215 (L.VII.XXXI) z. Latin. Biblioteca manuscripta ad St. Marci Venetiarum. Venetiis, 1872.

9° N° 3463. — 1. Johannes Bernhardus de Prealonibus, de Oleo, Marescaltia, qui si contiene (maladies du cheval, du mulet, figures de freins), fol. 1 à 76.
    2. Formulare veterinaria italica, f. 76 à 77.
    3.   —   —   —   f. 84 à 115.
    4. A chastrare uno chavalo, f. 124.
Tabula codicem manu scriptorum, biblioteca Palatina Vindabonensi. Vindabonae, 1874.

10° Extratto da un libro de razza da Cavalli del Re Ferrante Vechio de Aragona. Petit in-4°, 48 feuillets. Manuscrit sur vélin, portant la date de 1521 (Huzard, n° 4249).

11° Raccolta di ricetti medichi, fol. 15 à 150. — Trattato di mascalcia, f. 159 à 179. Mns xvi° siècle, 500. Albani 950. Bibl. de Montpellier, n° 48. Mazzatinti, Inventorio dei mss italiani dell bibl. franciæ. Romæ, 1888.

12° Trattato di mascalcia, avec figures de freins, de mors.
Mns xvi° siècle, 8528, t. III, p. 133 (Mazzatinti).

13° Recueil de recettes de médecine et d'art vétérinaire en italien, 70 ff. Ce Recueil est attribué par Thiébault de Berneaud à un nommé Marco.
Fol. 71, Autres remèdes en français. Bibliothèque Mazarine, n° 3609.

14° Miniscalchi Luigi, Intorno al cavallo. Année 1770, 22 ff., n° 636 (2175).
Giuseppe Biadego (Catalogo descrittivo di manoscritti della biblioteca communale di Verona. Verona, 1892).

15° Extratto de alcuni remedii experimentati et singolarissimi per Luigi Vento, criato del S. Re, el quale extratto ho fatto per chen estia una copia in ogni stalla de soa Maesta per commandamento di quella. — A la suite, d'autres recettes, dont la première est dite « data per lo illustrissimo signor duca di calabria ». Parchemin, 24 feuillets, hauteur 166, largeur 110 millimètres, XVIᵉ siècle.

Bibliothèque Mazarine, 3602 (2603).

V

La médecine vétérinaire en France.

Au commencement du XVIᵉ siècle, et même déjà à la fin du XVᵉ, on constatait, en France, un grand mouvement des idées. C'était l'époque de la Renaissance, caractérisée par le culte des traditions de l'antiquité grecque. Dès lors éclata un irrésistible besoin de tout savoir, qui faisait dire à Rabelais (*Pantagruel*, chap. VIII) : « Je voye les brigans, les bourreaulx, les avanturiers, les palefreniers de maintenant plus doctes que les docteurs et prescheurs de mon temps ».

Ce réveil eut un résultat auquel on ne s'attendait pas : le remplacement définitif du latin par la langue nationale. Jusqu'à cette époque, le latin avait été considéré comme la langue des lettrés, des hommes de science. Mais le peuple ne le comprenait plus, ou le comprenait mal, et, petit à petit, au latin se substitua la langue vulgaire. En haut lieu, on protégea ce mouvement, car une ordonnance du 10 août 1539 stipulait que dorénavant les actes et opérations de la justice se feraient en français. Aussi vit-on paraître, pour la première fois, des ouvrages scientifiques ou médicaux en langue française, telles les œuvres d'Ambroise Paré, de Pierre Belon, etc.

« Il faut déjà, dit Petit de Julleville, savoir gré à ceux qui ont bien voulu n'abandonner le français qu'au moment où celui-ci leur faisait défaut ; ainsi à ce simple vétérinaire Jean Massé, qui, avant de recourir aux dictions grecques, qu'il se déclarait disposé à changer, si on lui fournissait une meilleure invention, avait réuni « les plus doctes de l'art » afin de pouvoir nommer les maladies ainsi que le vulgaire des maréchaux les nommait ; au traducteur des « XX livres de Constantin Cæsar » qui, malgré « sa diligence » à chercher comment rendre les dictions Grecques, Latines et Arabiques de l'agriculture et de la médecine, ne s'est résigné à leur laisser leur forme ancienne que par peur de leur donner un nom nouveau, qui ne fût compris que de lui seul. » (Petit de Julleville, *Histoire de la langue et de la littérature françaises*, t. III, p. 826.)

Jean Massé, à l'instigation de François Iᵉʳ, fut, en effet, le traducteur des ἱππιατρικά (1563) et, vers la même époque (1550), Antoine Pierre donnait une traduction française des γεωπονικά.

La France se trouvait donc, au xvi⁰ siècle, au point de vue vétérinaire, tributaire des œuvres de l'antiquité. Mais en dehors des éditions grecques et des traductions latines et françaises des Hippiatres grecs et des Géoponiques, nous signalerons de nombreuses traductions et réimpressions des œuvres du moyen âge : *Traductions françaises* de la « Mareschalerie de Laurentius Rusius », en 1533, 1541, 1560, 1563, 1567, 1583 ; du livre des « Prouffitz champestres et ruraulx de Pietro di Crescenzi » de 1516, 1521, 1529, 1530, 1533, 1539, 1540 ; *Réimpressions* du « Vray régime et gouvernement des bergers » de Jehan de Brie, 1530, 1542, 1594 ; des traités de fauconnerie et de vénerie de Jehan de Franchières, 1531, 1567, 1585 ; de Tardif, 1506, 1530, 1567, 1585 ; de Phœbus, 1507, 1515, 1520 ; d'Arthelouche de Alagona (1567), etc., etc.

Quant aux traités parus pour la première fois au xvi⁰ siècle, ils sont peu nombreux. Ce sont les suivants :

1506.	ANONYME,	*Pathologie équine.*
1507.	DE LOZENNE,	*Formulaire thérapeutique.*
1561.	DU FOUILLOUX,	*Traité de vénerie.*
1565.	CHARLES ESTIENNE ET JEAN LIÉBAULT,	*Traité d'économie rurale.*
1558.	MIZALDE,	*Œuvres diverses.*
1571.	ANONYME,	*Pathologie équine.*
1575.	AMBROISE PARÉ,	*Chirurgie humaine* (Art. Rage).
1597.	PASSERAT,	*Poète. Pathologie canine.*
1598.	D'ARCUSSIA,	*Traité de fauconnerie.*
1599.	HÉROARD,	*Ostéologie.*
1600.	OLIVIER DE SERRES,	*Traité d'agriculture.*

Mais, indépendamment des auteurs que nous venons de signaler, nous pouvons citer des littérateurs dont les ouvrages renferment quelques notions sur les maladies des animaux domestiques.

Ainsi Rabelais (1495-1553), une de nos plus grandes gloires nationales, en mentionne plusieurs :

Livre I, chap. 36, il parle du cheval d'Eudémon, qui « enfonça le pied droict jusques au genouil dedans la pance d'un gros et gras villain qui estoit noye à l'envers ». Puis il ajoute : « Et (qui est chose merveilleuse en hippiatrie) feut ledit cheval guari d'ung *surot* qu'il avoit en celluy pied, par l'attouchement des boyaulx de ce gros marroufle ».

Livre II, chap. 11, il est dit ce qui suit : « Nonobstant que les cheminées feussent assez haultes, selon la proportion du *javart* et des *malandres* l'amibaudichon ».

Livre IV, chap. 14, il s'agit d'un homme monté sur un cheval *morveux.*

Livre V, chap. 7, un cheval s'adressant à un âne, son compagnon, lui dit : « Tes males avives, baudet ! me prendz-tu pour ung asne ».

Au *livre IV, chap. 7*, en parlant des moutons de Panurge, il s'exprime ainsi : « A propous, si vous estiez clerc, vous sçauriez que es membres plus inférieurs de ces animaulz divins, ce sont les piedz, y ha ung os, c'est le talon, l'*astragale*... »

Au *livre II, chap. 27*, il signale probablement les taons ou les hypodermes : « Par dieu, voicy de belles savates d'hommes, et de belles vesses de femmes ; il les fault marier ensemble, ilz engendreront des *mousches bovines* ».

Enfin, nous signalerons dans le *livre I, chap. 47*, la présence des maréchaux dans les armées : « Comment Grandgousier manda quérir ses légions... et six mille chevaulx légiers, tous par bandes, tant bien assorties de leurs thésauriers, de vivandiers, de *mareschaux*, d'armuriers et aultres gens necessaires au trac de bataille ».

Le célèbre poète vendômois *Ronsard* (1524-1585) a composé un hymne en l'honneur de saint Blaise, le patron des animaux, le guérisseur des bestiaux, dont voici en partie la teneur :

HYMNE XII. — *Des pères de famille à saint Blaise.* Sur le chant : *Te rogamus audi nos.*

Saint Blaise, qui vis aux Cieux
Comme un Ange precieux
Si de la terre où nous sommes,
Tu entens la voix des hommes,
Recevant les vœuz de tous,
Je te prie, escoute nous.

. . . .

Garde nos petits troupeaux.
Laines entieres et peaux,
De la ronce dentelée,
De tac et de clavelée,
De morfonture et de tous,
Je te prie escoute nous.

. . . .

Garde qu'en allant aux champs,
Les larrons qui sont meschans,
Ne desrobent fils ne mere.
Garde les de la vipere,
Et d'aspics au ventre rous,
Je te prie escoute nous.

. . . .

Que ny sorcier ny poison
N'endommagent leur toison
Par parole ou par bruvage.
Qu'ils passent l'Esté sans rage,
Que l'Autonne leur soit dous :
Je te prie escoute nous.

. . . .

> Chasse loin les paresseux,
> Donne bon courage à ceux
> Qui travaillent, sans blessure
> De congnee, et sans morseure
> De chiens enragez et fous :
> Je te prie, escoute nous.

(Les Hymnes de Ronsard, gentil-homme Vandomois. A Paris, chez Nicolas Buon, 1604. 2e livre des *Hymnes,* p. 288.)

Jean Passerat (1534-1602), poète troyen, a composé une poésie intitulée *le Chien courant,* dans laquelle il mentionne les soins qu'il faut donner aux chiens de chasse, tant en santé qu'en maladie. Nous la reproduirons *in extenso* dans le chapitre concernant la pathologie canine.

Par qui et comment était exercée la médecine vétérinaire à cette époque? C'était aux champs l'apanage des sorciers et des maréchaux qui avaient le monopole de la médication des animaux et spécialement des chevaux. Ainsi les statuts des maréchaux de Poitiers (12 juin 1559), de Châtellerault (juillet 1573) leur prescrivaient de tenir « nets et propres les flammes, rynettes, razouers, poinsons, tenailles » ; les soumettaient à la visite des maîtres jurés ; leur ordonnaient de tenir sous clef les médicaments dangereux, et de ne pas soigner un animal traité par un autre maréchal sans avoir convoqué le premier traitant, etc. (Boissonnade, *Essai sur l'organisation du travail en Poitou depuis le XIe siècle jusqu'à la Révolution.* Paris, Champion, 1900.)

Dans les grands centres, dans les grandes agglomérations d'animaux, il est probable que l'écuyer « d'escuyrie » était chargé des soins à donner aux chevaux malades. Nous venons de voir que Rabelais mentionne la présence dans les armées de « mareschaux » qui bien certainement soignaient les chevaux malades ou blessés.

L'expression vétérinaire qui apparaît pour la première fois dans le langage français semble avoir été peu employée au xvie siècle ; elle ne le fut guère que par les lettrés.

H. Cornelius Agrippa, de Nettesheym, dans son livre intitulé : *De incertitudine et vanitate omnium scientiarum et artium liber* (1), s'occupe de la profession vétérinaire au chapitre 87 (p. 253) : *De veterinaria.* Mais si nous comparons le texte latin et la traduction française, nous voyons que le traducteur se trouvait embarrassé pour rendre le sens

---

(1) Henrici Cornelii Agrippae. *De incertitudine et vanitate omnium Scientiarum et artium liber...* Lugduni Batavorum. Excudebat Severinus Matthœi, 1582. Il y a une édition de 1531.

Paradoxe sur l'incertitude, vanité et abus des Sciences. Traduit en françois du latin de Henry Corneille Agrippa, 1582, in-16 ; 1603, pet. in-12 ; 1617, pet. in-8.

du mot *veterinaria*, qu'il traduit par « mareschal, medecin pour le bestail ». Voici le texte de l'édition française de 1603, p. 602, 603 :

« Chap. 87. De la mareschallerie et medecine pour le bestail (Titre latin : *De veterinaria*).

« Il y a une autre pratique de medecine (1), qui panse les maladies des bestes brutes (brutorum) laquelle est beaucoup plus certaine et profitable que les autres, inventée, à ce que l'on dit, par Chiron le Centaure, et illustrée par Columelle, Caton, Varron, Pélagone et Végèce, auteurs très renommez. Néantmoins nos Medecins avec leurs beaux anneaux la méprisent, et en ont honte, aussi en sont-ils du tout ignorans, et sont si délicats qu'ils ne se delectent que de la fiente humaine, ainsi que la huppe. Partant si quelqu'un recourt à eux pour avoir des remedes pour son bœuf, ou pour son asne, il recevra incontinent des injures au lieu de médicaments, comme si ce n'estoit à eux à faire de sçavoir mediciner aussi bien les animaux que les hommes, principalement ceux qui nous servent et donnent commodité. Pour lesquels le roi Alphonse d'Aragon entretenoit jadis deux excellents docteurs (duos expertissimos medicinæ doctores) pour les chevaux et les chiens avec grand salaire et ample pension, leur commandant qu'ils advisassent soigneusement quels remèdes et quelle manière de mediciner estoit convenable à chacune maladie de beste : ce qu'iceux executerent, et firent un livre de ces choses très utiles. Le semblable a faict de nostre temps Jean Ruel Parisien, homme docte en l'une et l'autre langue et des premiers entre les physiciens, lequel a traduit un volume des maladies des chevaux et de leurs remèdes recueilly des vieux auteurs, Absirthe, Hiéroclès, Theomneste, Pélagon, Anatolius, Tibère, Eumelus, Archedamus, Hippocrates, Hemerius, Afriquanus et d'Émile Espagnol et Litor de Benevent, le livre duquel profitera beaucoup à tous Mareschaux (dans le texte latin : *veterinariis*) et Medecins de bestail, avec commodité pour la République ».

Jean Massé est le premier qui se soit servi de l'expression française « vétérinaire », car il a intitulé sa traduction des ιππιατρικα « L'art vétérinaire ou grande Mareschalerie » qui fut imprimée à Paris en 1563. Du Poy Monclar, traducteur du traité de Végèce en 1563, a suivi cet exemple.

On la retrouve aussi dans la Satyre Ménippée (t. I, p. 24) (Abrégé des estats de Paris convoquez au dixiesme fevrier 1593 par les chefs de la ligue) : « Voulurent que devant que commença un si sainct œuvre fust

____

(1) *Quam veterinariam vocant,* mots qui ne se trouvent pas traduits dans le texte françois.

faicte une procession... La procession fut telle... puis les cent gentils-hommes de fraiz graduez par la saincte union, et apres eux quelques *veterinaires* (1) de la confrairie Sainct Eloy... »

D'ARCUSSIA.

Charles d'Arcussia, né en 1545, au château d'Esparron, en Provence, mort en 1617, a écrit un poème sur la chasse au faucon intitulé :

La fauconnerie de Charles d'Arcussia de Capre, seigneur d'Esparron, de Pallières, et du Revest en Provence. Divisée en dix parties. Avec les portraicts au naturel de tous les Oyseaulx. A Rouen, François Vaultier, 1644. Bibliothèque d'Alfort, F. 1086.

Ce traité de fauconnerie, dont Lallement a donné une analyse étendue dans sa bibliothèque des Théreuticographes, parut pour la première fois en 1598. Il fut plusieurs fois réimprimé, et chaque fois revu, corrigé et augmenté.

1598. Aix, Tholosan. in-8.
1599. Paris, Jean Houzé, in-8
1605. —   —   —
1607. —   —   —
1608. —   —   —
1615. —   —   —
1617. —   —   —
1619. —   —   in-4, 3 tomes en 1 vol.
1621. —   —   —   —   —
1626. —   —   — 4 parties en 1 vol.
1627. —   —   —   —   —
1643-44. Rouen, Vaultier, 2 tomes en 1 vol. in-4.
1883. Paris, Jouaust, in-16 (Cabinet de vénerie, t. VII), réimprimée sur l'édition de 1644, avec des notes par Ernest Jullien.

La fauconnerie d'Arcussia fut traduite en italien en 1763 et en allemand. L'édition allemande a pour titre :

Falconaria, das ist eigentlicher Bericht und Anleytung wie man mit Falcken und andern Weydt Vögeln beitzen soll. Vor Carolo d'Arcussia de Capre... frantzösich beschrieben, jetzand... in unser Muttersprach ubersetz... Franckfurt am Meyn. N. Hoffmann, 1617.
Bibliothèque nationale, Res. S. 614.

Le traité d'Arcussia, que nous avons consulté sur l'édition de 1644, est divisé en dix parties :

La première traite : « De la cognoissance des oyseaulx, avec leurs portraicts, de leur nature, de leur traitement, et façon de les dresser ».

La deuxième est une pathologie aviaire intitulée : « De leurs maladies anciennes et accidentelles avec les remèdes », dont voici le sommaire :

---

(1) Les maréchaux de la Ligue.

La troisième partie traite des moyens de se servir convenablement des oiseaux.

La quatrième renferme des notions sur l'anatomie, entremêlées de figures, savoir :

Chapitres.
1. — Des parties intérieures des oyseaux de fauconnerie, de leur forme, situation, etc.
2. — Anatomie des oyseaux de proye et de la capacité haute qui est la teste.
3. — De la capacité moyenne.
4. — De la capacité basse.
5. — Des aisles.

On y trouve aussi des indications sur les substances thérapeutiques en usage dans le traitement des maladies, ainsi que quelques descriptions de maladies.

Chapitres.
15 et 17. — Des purges que les oyseaux font eux-mêmes.
21. — Des maladies de graisse et des remèdes.
24. — Pillules qui sont propres pour les oyseaux, soit pour le printemps, l'esté et l'automne et encore en hyver, en un climat tempéré.
30. — De la rage des chiens dicte folie ou Hydrophobie.
31. — Estuy de fauconnerie où sont représentez par figures tous les outils desquels on se peut servir à penser les oyseaux, en leurs maladies ou autrement.

La cinquième partie est un traité d' « autourserie et des esperviers » ; la sixième donne un état de la fauconnerie telle qu'elle était en 1615 ; la septième est intitulée : « Conférence des fauconniers » ; la huitième est un discours sur la chasse ; la neuvième comprend les dernières résolutions des fauconniers avec un récit de l'histoire de la reine Jeanne.

Enfin, la dixième, intitulée : « Les Lettres de Philoyerax et de Philofalco ou est traicté des maladies des oyseaux avec les remèdes pour les guérir » se compose des cinq lettres suivantes relatives à la pathologie aviaire :

Lettres.
5. — Remerciment pour guérison d'un oyseau.
9. — D'un oyseau blessé dans l'aileron.
10. — Des bestes nuisibles et adjuration contre les aigles.
13. — Pour chasser les pous et les mites.
14. — D'un oyseau troublé des esprits.
15. — Du traictement des chevaux de chasse.

CHARLES ESTIENNE ET JEAN LIÉBAULT.

Charles Estienne, fils et frère d'imprimeurs renommés, naquit à Paris en 1504, et y mourut en 1564.

Anatomiste, botaniste et médecin, il se vit dans l'obligation de renoncer à ses études pour prendre la direction de l'imprimerie paternelle, son frère Robert ayant été obligé de fuir à Genève, en 1551, pour échapper aux persécutions religieuses dirigées contre les protestants.

Pendant le court espace de temps qu'il dirigea l'imprimerie, il mit sous presse plusieurs ouvrages, dont l'exécution n'a jamais été surpassée. Mais là ne se borna pas son rôle ; il fit paraître sous son nom plusieurs ouvrages, dont un traité d'agriculture, suivi de nombreuses éditions.

Praedium rusticum in quo cuiusvis soli vel culti vel inculti plantarum vocabula ac descriptiones, earumque conservendarum atque excolendarum instrumenta suo ordine describuntur. In adulescentulorum bonarum literarum studiosorum gratiam.
Lutetiæ, apud Carolum Stephanum typographii Regium ; 1554, pet. in-8° de 648 p. et index.

Une édition de 1629 (Parisiis, apud Franciscum Pelicanum) se trouve à la Bibliothèque nationale sous la cote S. $\frac{1159}{1}$. On connaît six traductions italiennes : Venise, 1581, 1591, 1668 ; Turin, 1583, 1590, 1609.

Après sa mort parut une édition française :

L'Agriculture et Maison rustique de Charles Estienne, docteur en Médecine, en laquelle est contenu tout ce qui peut estre requis pour bastir maison champestre, nourrir et medeciner bestiail et volaille de toutes sortes... plus un bref Recueil de la Chasse et de la Fauconnerie. Paris, Jacques du Puis, 1565, in-4, et Lyon, Jean Martin, 1565, in-16.

Cet ouvrage fut plus tard parachevé et augmenté par *Jean Liébault*, son gendre, médecin et agronome, né à Dijon en 1535, mort à Paris le 21 juin 1596. *L'Agriculture et Maison rustique*, ainsi revue et corrigée, fut plusieurs fois réimprimée. Le catalogue d'Huzard (t. II, nᵒˢ 721 à 758) en mentionne 37 éditions. Ce travail a servi de base à tous les ouvrages similaires, et, de 1564 à 1702, a joui d'une réputation bien justifiée.

Le *Praedium rusticum* ne renferme rien sur les animaux. Il n'en est pas de même dans les éditions françaises. D'après celle de 1625 (Rouen, Louis Coste), consultée à la Bibliothèque d'Alfort (B. 91), nous voyons que la *Maison rustique* comprend 7 livres, dont le premier seul peut nous intéresser.

Ce livre premier traite de la ferme, de son personnel, de ses devoirs, des animaux domestiques. Il est question d'élevage des bovidés aux chapitres 12 et 22, de celui des oies au chapitre 16, etc., le tout entremêlé de recettes médicales pour guérir les animaux malades. Ainsi, au chapitre 22, il est question des maladies du bœuf dont : l'*encueur* ou *maillet* ou *marteau* ; de la maladie du *poulmon*, laquelle « est tellement desplorée tant au bœuf qu'à la vache, qu'il n'y a aucun remède, sinon que de laver la mangeoire où elle a esté, avec eau chaude et herbes odoriférantes, avant qu'y attacher les autres, esquelles cependant faut tenir en d'autres estables ». Page 99, une planche représente un bœuf avec indication de lieu des principales maladies.

Au chapitre 23, page 106, sont mentionnées la *lèpre* du porc, et la pratique du langueyage. « C'est pourquoi on le langaye et on le visite derrière les oreilles quand on l'expose en vente. » Il mentionne pour diagnostiquer cette affection trois signes, déjà indiqués par Aristote : la présence sous la langue de « petites pustules noirastres », la difficulté pour l'animal de se tenir sur le train postérieur, et l'apparition d'une goutte de sang quand on arrache la soie sur le dos.

Au chapitre 24, à propos de l'élevage et des maladies des moutons, il est parlé de la morve des brebis qui, « comme celle du cheval, tient tellement dans les poumons ». Le seul remède consiste à « étouffer la beste ».

Le chapitre 25 traite de l'élevage des chèvres.

Au chapitre 27, l'auteur décrit le chenil et les maladies du chien, dont la rage, guérie par les bains de mer ou l'ablation sous la langue « d'un petit nerf qui ressemble à un petit ver plat et rond ».

Le chapitre 28 s'occupe du cheval et de ses principales maladies d'après Végèce, ainsi que l'auteur l'annonce page 140 : « plus ample traicté et narration des maladies des chevaux, pourras trouver en la vétérinaire de P. Végèce que j'ay traduit ou plustôt paraphrasé du latin en françois ».

Aux chapitres 29 et 30, il est parlé de l'âne et du mulet.

Enfin, dans le livre 7, au chapitre 22, p. 628, on trouve des notions sommaires sur les maladies des chiens de chasse, et aux chapitres 59, 60, 66 à 69, quelques recettes médicales pour guérir les oiseaux de volière.

Du Fouilloux.

Jacques du Fouilloux, gentilhomme, naquit au XVIᵉ siècle dans cette partie du bas Poitou connue sous le nom de Gastine, aux environs de Parthenay. Il a publié un traité de vénerie intitulé :

La venerie de Jacqves dv Fovillovx Seignevr dvdit Liev, gentilhomme dv Pays de Gastine en Poictou, par luy jadis dediee av Tres-Chrestien Roy Charles nevfiesme. Et de nouveau reueuë et augmentee, outre les precedentes impressions. — A Paris chez l'Abel l'Angelier au premier pillier de la grand Salle du Palais, 1600. (Bibliothèque d'Alfort, nº 1117.)

Le catalogue d'Huzard mentionne les éditions suivantes :

Vers 1561.   Poitiers, de Marnefz et Bouchetz frères.
      1562.   —   —   —
      1568.   —   —   —

```
1573.    Paris, Galiot du Pré.
1585.      —    Abel L'Angelier.
1585.      —    Le Mangnier.
1598.      —    L'Angelier.
1601.      —    L'Angelier.
1606-07.   —    L'Angelier.
1613-14.   —    Veufue L'Angelier.
1618.      —      —
1621.      —    Claude Cramoisy.
1624.      —      —
1628.      —      —
1635.      —    Billaine.
1640.      —    Pierre David.
1650. Rouen, Malassis.
1844. Angers. Ch. Lebossé.
```

Les éditions de 1573 sont augmentées de quelques chapitres empruntés à Phébus. A la suite de celles de 1585 à 1628, il y a le traité de Franchières et autres ; à celles de 1635 à 1650 est annexé le Miroir de fauconnerie de P. Harmont, dit Mercure. L'édition de 1844, gr. in-8, reproduit celle de 1585. On signale encore une édition de Bayreuth (Fred. Elie Dietzel, 1574), réimpression de celle de 1568. La première édition de Du Fouilloux (1561) a été vendue 69 francs à la vente de la Bibliothèque d'Huzard, et 250 à celle de Veinant.

César Parona l'a traduite en italien (1). Deux traductions allemandes sont mentionnées : celle de 1590, Strasbourg, petit in-fol., et celle de 1727, Dresde, in-fol.

L'édition de 1601 comprend deux parties, séparément paginées :

1º La vénerie de Jacques du Fouilloux, de 124 ff. paginés au recto seulement, plus, au commencement, 3 ff. pour la dédicace au Roi et la table ; et, à la fin, 4 ff. pour un « Recueil de mots, dictions et manieres de parler en l'art de venerie ».

2º Divers traités de fauconnerie :

a. La fauconnerie de Jehan de Franchières, de 51 ff. paginés au recto ;

b. La fauconnerie de Guillaume Tardif, de la page 52 à 85 ;

c. La fauconnerie de messire Artelouche de Alagona, de la page 87 à 101 ;

d. Un « recueil de tous les oiseaux de proye qui servent à la vollerie et fauconnerie par J.-B. », ff. 1 à 127.

Parmi les chapitres de Du Fouilloux qui peuvent intéresser la pathologie canine, sont à mentionner :

---

(1) La Caccia di Giacomo di Foglioso, scudieri e signore di esso luogo, paese di Gustina in Poitio, tradotta di lingua francese di Cesare Parsna. Milano, Antonio Cami, 1615, pet. in-8 (Brunet).

Chapitres.
1. — De la race et antiquité des chiens courans et qui premierement les amena en France.
2. — Du naturel et complexion des chiens blancs, dicts Baux et surnommez greffiers (fig.).
3. — Des chiens fauves et de leur naturel (fig.).
4. — De la complexion et nature du chien gris (fig.).
5. — Des chiens noirs anciens de l'abbaye sainct Hubert, en Ardene (fig.).
6. — Les signes par lesquels on peut cognoistre un bon et beau chien.
7. — Comme on doit eslire une belle Lyce pour porter chien (fig.).
8. — Des saisons esquelles les petits chiens doivent naistre et comment on les doibt gouverner.
9. — Les signes qu'on doit regarder si les petits chiens sont bons ou non (fig.).
10. — Que l'on doit nourrir les petits chiens aux villages et non aux boucheries.
11. — En quel temps l'on doit retirer les chiens des nourrices.
12. — Comment doit estre situe et accommodé le chemin des chiens (fig.).
13. — Du valet de chiens et comme il doit penser, gouverner et dresser les chiens.
14. — Comment l'on doit dresser les jeunes chiens pour courre le cerf.
15 à 45. — De la chasse au cerf (1).
46 à 63. — Diverses espèces de chasse.

A la page 78, se trouve un formulaire de pathologie canine, intitulé : « Receptes pour guarir les chiens de plusieurs maladies ».

— Rage.
— Recepte pour guarir des cinq especes de rages, et premierement de la rage mue.
— Recepte pour la rage tombante, qui procede du cerveau.
— Recepte pour la rage endormie, laquelle procede de vers.
— Recepte pour la rage reumatique, laquelle vient en jaunisse.
— Recepte pour la rage flastree.
— Recepte pour guarir les Chiens des maladies venues de froides causes.
— Recepte pour purger les Chiens avant que les mettre dedans le baing.
— Baing pour laver chiens quand ils ont este mords des chiens enragez, de peur qu'ils enragent.
— Autre recepte par mots preservant la rage.
— Receptes pour guarir les Chiens de louppes.
— Autre recepte à ce mesme approuvée.
— Recepte pour faire mourir les puces, pouls, vermines des Chiens et les nettoyer.
— Recepte pour faire mourir et tomber les vers.
— Autre recepte à ce mesme.
— Recepte pour les chiens mords de Serpens et Viperes.
— Recepte pour faire guarir les Chiens de la morsure des Sangliers et bestes mordantes.
— Recepte pour les Chiens qui ont esté rompus et foulez des Sangliers, sans estre blessez.
— Recepte pour les Chiens qui ont des vers dedans le corps, lesquels ne peuvent vuider.
— Restraintif pour les Chiens aggravez.

(1) Au chapitre 15, l'auteur mentionne « un os dedans le cueur du cerf, lequel est grandement profittable contre le tremblement du cueur, principalement aux femmes grosses ».

— Recepte pour faire mourir les Chancres, qui viennent aux oreilles des Chiens.
— Receptes pour garder les Chiennes d'entrer en chaleur.
— Recepte pour faire pisser les chiens.
— Recepte pour les Chiens qui ont mal dedans les oreilles.
— Recepte approuvée pour faire mourir tous chancres, dartres et fics.
— Recepte pour les playes des Chiens.

Aux ff. 110, se trouvent les « Adionctions à la venerie de Iacques du Fouilloux contenant plusieurs Traictez de Chasses du loup, du conil, du lieure... avec plusieurs remedes tres utiles et necessaires pour la maladie des chiens ».

HÉROARD.

Jean Héroard, né à Montpellier en 1561, médecin de Charles IX, de Henri III et de Henri IV, est surtout connu comme auteur du « Journal et registre particulier » dans lequel il consigna tous les faits et gestes, même les plus intimes, de Louis XIII (1). C'est l'histoire « pisseuse et brenneuse » du fils de Henri IV, disent quelques-uns de ses biographes. Poète et littérateur à ses heures, il composa une épitaphe pour le tombeau de Ronsard, et un traité d'éducation, imprimé en 1608, sous le titre « De l'instruction du Prince ». Ce prince, qui fut Louis XIII, ne voulut jamais se séparer de lui, et, quand Héroard succomba, le 11 février 1628, au cours d'un voyage qu'il fit pour aller lui donner ses soins alors qu'il assiégeait La Rochelle, il s'écria : « J'avais encore bien besoin de lui ».

D'après la tradition, ce serait Ambroise Paré qui l'aurait présenté à Charles IX, en disant : « Sire, je vous amène, ainsi que vous me l'avez commandé, un futur médecin de cheval ». Ce qu'il y a de certain, c'est que ce monarque, comme l'écrit Héroard dans son *Hippostologie*, qui « prenoit un singulier plaisir à ce qui est de l'art Vétérinaire, duquel le subiect principal est le corps du Cheval, me commanda quelques mois avant son decez d'y employer une partie de mon estude ».

Héroard s'exécuta et publia, en 1599, l'*Hippostologie, c'est-à-dire Discovrs des os dv cheval, par M. Iehan Heroard, conseiller, Médecin ordinaire et secrétaire du Roy*. A Paris, par Mamert Patisson, imprimeur ordinaire du Roy, 1599, in-4º. (Bibliothèque d'Alfort. F. 733, 844. — Bibliothèque nationale, Tg $\frac{19}{15}$, Tg $\frac{20}{1}$).

Héroard avait fait l'anatomie complète du cheval; malheureusement pour nous, il ne publia que l'Hippostologie, « seul reste, dit-il, du naufrage que les autres pièces ont faict durant ces derniers troubles ».

---

(1) Journal sur les règnes de Henry IV et de Louis XIII, publié par Eud. Soulié et Ed. de Barthelemy. Paris, Didot, 1868, 2 vol. in-8.

L'apparition de cette Anatomie du cheval excita la verve de ses confrères, car l'un d'eux lui décocha ce pamphlet : « Il faut le comparer (écrit Charles Guillemeau, son collègue) encore avec ces sorcières de Scythie, appelées Bythies, avec cette race de Thibiens Pontiques, dont Philarque écrit à Pline qu'ils avaient dans un œil deux pupilles et dans l'autre la figure d'un cheval, ce qu'un ami de la médecine peut bien dire d'un médecin de cheval, d'un archi-âne tel qu'Héroard (1) ».

L'Hippostologie d'Héroard comprend 23 feuillets paginés et 4 non numérotés pour le titre et la dédicace à Henri IV. Il y a des figures gravées dans le texte et une planche hors texte représentant un squelette de cheval.

De Lozenne.

Nous ne connaissons rien sur de Lozenne, qui vivait probablement à la fin du XVe siècle. Nous savons seulement qu'il est l'auteur d'un petit traité de médecine chevaline, simple formulaire, dont six éditions, les seules probablement connues, ont été consultées par M. le général Mennessier de la Lance, auquel nous empruntons les détails qui vont suivre.

1º « Les remedes et medicines tres utilles et prouffitables por guarir tous Cheaulx et bestes Cheualines de quelque maladie que ce soit. Et sont bien approuuees. »

Au commencement du texte on lit : « Cy comence ung petit traicté pour guarir cheuaulx et autres bestes cheualines de plusieurs maladies. Faict et compose par le bon maistre Mareschal de Lozenne ».

Cette brochure, petit in-4º, de 12 ff. non chiffrés, caractères gothiques, ne porte indication ni de lieu, ni d'imprimeur. Elle n'est même pas datée ; mais, d'après l'examen des caractères d'imprimerie, les spécialistes pensent qu'elle a été imprimée, vers 1507, par Martin Houdard. (Bibliothèque particulière.)

2º « La medecine des chevaulx et des bestes cheualines. »

Au verso on lit : « Cy commence ung petit traicte pour guarir cheuaulx et autres beste cheualines de plusieurs maulx faict et côpose par le bon maistre mareschal de louzene ». Pet. in-4º, de 12 ff. non chiffrés, caractères gothiques.

A la fin on lit ce qui suit : « Cy finist le liure des medecines de cheuaulx et bestes cheualines. Imprime a Paris par Jehā Trepperel demourant en la Rue neufve Nostre dame a lenseigne de l'escu de France ».

---

(1) Dr MICHAUT, Jean Héroard, médecin de Charles IX, de Henri III et de Henri IV (*Chronique médicale*, 6e année, nº 12, 15 iuin 1899).

Cette brochure n'est pas datée, mais au-dessous de la souscription « Cy commence, etc. » il y a une vignette qui permet d'en évaluer approximativement la date. Cette vignette, qui représente un roi et un personnage à cheval et un autre à pied chassant au faucon, se trouve en tête du « Livre des oyseaulx de proye et chiens de chasse » de Guillaume Tardif imprimé par Jean Trepperel en 1509. Il s'ensuit, dit M. le général Mennessier de la Lance, que cette édition est postérieure à 1509, et que la date donnée par Brunet (vers 1506) est probablement erronée.

En tête de cette brochure qui se trouve à la Bibliothèque nationale sous la cote Tg $\frac{22}{1}$, Réserve, il y a deux vignettes que nous devons mentionner, car elles sont d'un grand secours pour différencier les éditions de ces petits volumes, à peu près de même format, non datés, et contenant de 12 à 16 ff.

Au-dessous du titre il y a un cheval sellé et bridé, tourné à droite, et un âne chargé d'un sac, la tête tournée à gauche ; et au-dessous, une autre vignette représentant un homme portant une sorte de tambour et frappant avec un bâton sur un âne chargé.

3° « Medecine pour les cheuaulx et pour toutes bestes cheualines pour les garir de plusieurs maulx, faicte et composee par le bon maistre mareschal de Lozenne ». Petit in-8° de 16 ff. non chiffrés, caractères gothiques (s. l. n. d.).

La vignette, au-dessous du titre, est la même que celle de l'édition n° 2. Mais celle de la fin est tout à fait différente. On y voit une religieuse représentant l'Annonciation, entourée d'une devise en vers et portant en bas, dans un écusson, les lettres G. N., marque du libraire parisien Guillaume Niverd.

Ce petit opuscule se trouve à la bibliothèque de l'École vétérinaire d'Alfort, sous le n° F. 920.

4° Cette édition, en tous points identique à celle n° 3, n'en diffère que par les caractères gothiques un peu dissemblables.

5° Même titre, même vignette que le n° 3, mais cependant bien différente. C'est un très petit in-8°, de 14 ff. non chiffrés, caractères gothiques très bien imprimés, mais cependant plus petits que ceux des éditions précédentes. Il n'y a aucune indication de date et d'impression. Cette édition se trouve à la Bibliothèque nationale sous la cote Tg $\frac{22}{2}$.

6° Même titre. Brochure petit in-8° de 16 ff. non chiffrés (s. l. n. d.). Ce qui différencie cette édition des autres, c'est que le texte est plus serré et se suit sans aucun alinéa, ce qui en rend la lecture difficile. M. le général Mennessier de la Lance pense que cette édition sort des presses d'Alain Lotrian, vers 1530. (Bibliothèque privée.)

Tous ces Lozennes connus sont de la plus grande rareté. Le texte dans tous est à peu près identique. Cependant, dans le paragraphe du cheval « restif à l'esperon », dans certaines éditions, on enseigne comme moyen de le dompter de lui lier les « couilles», tandis que dans d'autres ce sont les « oreilles ». Le général Mennessier pense que la ressemblance des deux noms peut faire supposer à une faute d'impression dans ce dernier cas, car ce sont bien les testicules qu'on liait avec une corde que le cavalier tenait entre les mains. Dans l' « Escurie » de Frédéric Grison, ce procédé est indiqué.

Le texte de Lozenne a été imprimé à la suite d'une édition française de Glanville : « Le propriétaire des choses », vers 1531. Le traité de Lozenne y occupe les 4 derniers feuillets.

Brunet cite une autre édition de 16 ff. en caractères gothiques, sans la marque G. N., ayant pour titre : « Le bon mareschal de Lozenede ».

Amoreux (deuxième lettre, n° 63, p. 25) cite une édition in-12 du maréchal de Lozone, imprimée à Paris, chez Bonfous, vers le XVIe siècle. C'est probablement un de Lozenne.

L'édition d'Alfort (n° 3) contient 100 formules, rangées sans ordre, dont les titres sont parfois plus longs que l'indication des remèdes recommandés. Il y a même plusieurs formules pour la même maladie, disséminées çà et là au milieu des autres. Trois ou quatre servent pour reconnaître la nature du cheval, ses qualités pour le dressage. En général ce sont plutôt des formules bizarres : lavage des chancres avec de l'urine ; emplâtre d'armoise et de semence de fenouil appliqué sur l'oreille pour guérir les tranchées ; onctions d'huile et de suie de cheminée pour les genoux enflés ; application d'un oignon cuit dans la braise pour faire tomber les suros ; application d'arsenic sur les boutons de farcin ; ingestion de poudre de tête de cheval mort, la plus vieille qu'on puisse trouver ; onctions de moelle de cheval, de soufre vif, de couperose pour la guérison des malandres ; emplâtre d' « estront d'asne » chaud, ou de poudre de vesce-de-loup, ou d'estront de pourceau qui a mangé du gland, de jus d'ortie pour arrêter les hémorragies; collutoire de chélidoine, dans les maladies des yeux ; décoction d'écorce de vigne, de chêne, de tanaisie et de verveine dans la pousse ; ablutions de jus de « ioubarbe, morel, ortie grieche » dans le cas de farcin ; ingestion de « oingnon, fiente de géline, lait de vache et pain » pour faire cesser la constipation.

Les opérations chirurgicales mentionnées sont peu nombreuses : chercher avec le « boutouer » s'il n'y a point de pourriture dans l'enclouure ; saigner le premier mardi de la lune, le second et le troisième pour guérir le farcin ; application d'un fer chaud, en forme de crochet, dans le lampas ; barrement de la veine, etc.

Nous donnons ci-dessous la table des chapitres de l'édition de Lozenne consultée à la Bibliothèque de l'École vétérinaire d'Alfort :

— Pour guerir des malandres vives, rongnes et grappes bien bref.
— Pour cheval qui a la playe sur le dos.
— Pour cheval qui est enfle des chauffeure dessoubz la selle.
— Pour guerir la bosse soubz la gorge.
— Pour cheval qui a la teste trop grosse.
— Pour cheval qui a les couilles enflees.
— Pour garir ung cheval qui est entache de chancre.
— Pour oster bien tout le feu d'ung cheval quant il a esté cuyt.
— Pour guerir cheval des tranchoisons.
— Pour cheval qui a la gueulle eschauffée.
— Pour cheval qui a la veue troublee.
— Pour garir cheval qui a les yeulx blessez daulcun coup ou blessure.
— Pour garir cheval qui a les iambes grosses et enflees par travaille et daller par chemin ou dautre adventure.
— Pour cheval qui est travaille de chevaucher tellement qu'il ne peult soustenir les iambes.
— Pour cheval qui a les genoulx enflez et quant on se doubte que les courbes y nayssent.
— Pour garir le iavart du cheval.
— Pour garir ung cheval des courbes quant elles nayssent ou quelles sont formee.
— Pour garder que les molestes ne soient apparentes à ung cheval au vendre.
— Pour garir ung cheval de nerfferure.
— Pour oster les suros a ung cheval.
— En autre maniere.
— Quant on appercoyt que les suros viennent au cheval.
— Pour cheval qui seroit dessolle pour luy faire bien tost venir longle et le sabot se daventure il avoit perdu.
— Pour garir ung cheval qui auroit les ongles trop secz et trop eclatans et pour luy faire bon pied et bon ongle.
— En autre maniere.
— Pour garir ung cheval de la toux et qui tousse fort.
— Pour cheval qui est poussif que l'on veult vendre.
— Pour faire cheval tost gras.
— En autre maniere.
— Pour ung cheval qui est retif a lesperon.
— Pour garir ung cheval du farcin.
— La maniere de faire telle pouldre.
— Pour garir chevaulx qui ont playes en quelque lieu que ce soit.
— Pour cheval qui a la morve.
— En autre maniere.
— Encores pour malandres.
— Pour malandres et mulles traversantes.
— Pour les rongnes.
— Pour pourriture et enclosture.
— Pour faire bonne emmieleuse a chevaulx.

— Pour faire venir le poil a ung cheval.
— Pour rongne et est de la main dud. maistre.
-- Pour faire eaue pour les yeulx du cheval.
— Encore pour malandres.
— Trois choses sont a regarder principalement es chevaulx de bonne. Cest
   assavoir la façon, la vertu et la couleur.
— La vertu du cheval est quil soit hardi et mouvant. Et sera congneu par les
   signes cy apres declairez.
— Comment on doibt dompter et prendre a dompter le ieune poulain nouvel-
   lement ne.
— Pour cheval qui ne veult tirer au colier.
— De la teste du cheval.
— Se vous voulez quilz ait grant col et gras.
— De la sur habondance du sang.
— Pour estancher sang.
— Pour cheval qui a le lampast.
— La cure est telle.
— Pour cheval qui a les focelles.
— La cure est telle.
— Du chancre.
— La cure est telle.
— De la courbe.
— Pour cheval qui veult perdre la veuë.
— Pour ung cheval qui est encloue.
— Pour faire oingnement pour garir chevaulx de malandres.
— Pour appareiller icelles malandres.
— Pour desraciner malandres.
— Pour cheval qui a menge orge.
— Pour les malandres.
— Pour cheval nerfferu.
— Pour farcin.
— Pour cheval qui a les couilles grosses et les cuysses
— Pour cheval qui a le iavart.
— Pour cheval morveux.
— Pour cheval qui a le suros.
— Pour cheval qui ne peult fienter.
— Pour cheval qui a les yeux troublez.
— Pour cheval qui a la langue entamee.
— Pour cheval qui a fait piedz neufz.
— Pour cheval qui a le farcin.
— Pour cheval qui a goutte crampe.
— Pour cheval qui a menge plume.
— Pour ung cheval qui est poussif.
--- Pour cheval qui ne peult pisser.
— Pour cheval qui a suros.
— Pour cheval qui a le corps entousse.
— Pour cheval qui est estocque ou mal marche.
— Pour cheval qui a le dos escorche.
— Pour cheval qui est morfondu.
— Pour cheval qui a les tranchaisons.
— Pour cheval qui fait pied qui est dessole de nouvel.
— Pour cheval qui a le chancre et fix.
— Pour cheval qui a le cuyr escorche.
— Pour chevaulx rongneux.
— Pour farcin.
— Pour un cheval qui a rongne ou iavart.

— Pour cheval restif à lesperon.
— Pour cheval qui a le chancre.
—· Pour faire esternuer un cheval morveux.
— Breuvage pour chevaulx morveux.
— En autre maniere.
— Pour garir ung cheval de la gourme qui est au gosier.
— En autre maniere.

Massé.

Jean Massé, médecin champenois, de Saint-Florentin, traduisit, du grec en français, les ιππιατρικα « à fin que ce thrésor soit communiqué à tous, qui n'entendent Grec ny Latin ». Il se qualifie de « Medecin ordinaire et domestique de feu messire François de Dinteville, eveque d'Aucerre ».

Cette traduction parut à Paris, en 1563, avec une dédicace à « Françoy de Knevenoy (probablement Kervenoy), le cheualier de l'ordre du Roy, et Gouuerneur de la personne de Mõseigneur le Duc d'Orleans, et Lieutenant de sa compaignie ». — « Le bon renom que i'ay de vous, Seigneur illustre, lui écrit-il, a este mon motif à vous dedier cest œuure, qui auez este conducteur et maistre de l'escuyrie du feu Roy Henry dernier, et des successeurs Rois ses enfants ».

Le travail de Jean Massé a pour titre :

L'Art Veterinaire ou Grande Marechalerie, par maistre Iean Massé docteur en Médecine. En laquelle est amplement traité de la nourriture, maladies et remedes des bestes cheualines.

A Paris chez Charles Perier, à l'enseigne de Bellerophon, rue sainct Iean de Beauuais, 1563, in-4. Avec Privilège du Roy (1).

Bibliothèque nationale, Tg $\frac{19}{20}$. — Bibliothèque de l'École vétérinaire d'Alfort, F. 35.

In-quarto de 174 feuillets, numérotés seulement au recto ; plus, à la fin, 10 feuillets, non chiffrés, pour les annotations de Jean Massé (espèce de glossaire des termes employés), et la table.

---

(1) Voici l'ordre dans lequel parurent le texte et les traductions des ιππιατρικα :

1° *1530*. Veterinariae medicinae libri duo Johanne Ruellio Suessionensi interprete. Parisiis, apud Simonem Colinœum, 1530, in-fol de 136 ff.

Traduction latine de Jean Ruel, de Soissons. — Bibliothèque nationale, Tg $\frac{19}{13}$. — Bibliothèque de l'École vétérinaire d'Alfort, F. 986.

2° *1537*. Θων ιππιατριχων 6ι6λια δυω. Veterinariae medecinae libri duo, a Johanne Ruellio Suessionensi olim quidem latinitate donati, nunc vero iidem sua, hoc est graeca lingua primum in lucem editi. Basileae, apud Ioan Valderum, 1537, in-4°, de 307 p. — Texte grec, publié par Grynœus.

3° *1563*. Traduction française de Jean Massé.

Pour plus de détails sur l'Hippiatrique, voir L. Moulé, Histoire de la médecine vétérinaire. Première période : Histoire de la médecine vétérinaire dans l'Antiquité, p. 46-47-48.

Cette œuvre comprend trois livres. Les deux premiers sont la traduction fidèle de l'Hippiatrique grecque, ainsi que j'ai pu m'en assurer en comparant la traduction française avec le texte de l'ιππιατρικα. Le troisième est de la main même de Jean Massé, qui l'a ajouté à sa traduction « pour servir de Promptuaire ». Ce sont des formules thérapeutiques pour diverses maladies, concises et sans grand intérêt.

Nous donnons ci-dessous la table des livres et chapitres de la traduction française de l'Hippiatrique et du promptuaire de Jean Massé.

LIVRE PREMIER.

Chapitres.
1. — De la fievre du cheval.
2. — De la malandre des jointures.
3. — De la ladrerie du cheval.
4. — Des remedes contre la peste du cheval.
5. — Du poulmon.
6. — Du poulmon froissé et rompu, qu'on appelle le haut vent.
7. — De l'orgée du cheval forbeu et des ranules ou berbes.
8. — De la seignée du cheval.
9. — Sçavoir si la seignée est louable, s'il avient qu'il faille ouvrir les veines au dedans des cuisses.
10. — De la taye en l'œil des chevaux.
11. — Des yeux froissez ou frappez et de fluxion d'iceux.
12. — Du saillissement des chevalines.
13. — De faire mourir le poulain qu'on ne veut nourrir au ventre de la jument.
14. — Pour sçavoir quel poulain fera la jument.
15. — Instruction pour congnoistre si le cheval sera bon et de bonne taille et de la note des ans.
16. — Des parotides ou aureillons.
17. — Des vlcères des aureilles.
18. — Des amygdales enflées.
19. — De la squinance.
20. — D'arracher et rompre les escrouelles.
21. — Du polypus ou loupe des narines.
22. — De la toux.
23. — Pour enflure du col et froissure.
24. — Du feu volage ou Pusiole, selon aucuns.
25. — Pour l'espaule rompue, demise ou blessée.
26. — Du cheval sec et éthique ou coriage.
27. — Pour la luxation des spondiles.
28. — De la courte alaine.
29. — Pour ulcères putrides des machoires.
30. — De la maladie cardiaque.
31. — De la douleur néphritique.
32. — De la douleur du ventre, appelé ventrées.
31 (*sic*). — De la douleur du foye.
33. — De la difficulté d'uriner, douleur de ventre, strangurie et retention d'urine.
34. — Du tremblement, foulure et tension de nerfs. Chevaux opisthotoniques ou courbes.
36 (*sic*). — Du flux de ventre.
37. — Des remèdes pour le boyau retourné et renversé.

LIVRE DEUXIÈME.

27. — Des poux et thiques.
28. — Des taons que les latins appellent œstra et tabanos (mouches, puces,
       punaises, vers).
29. — Des chevaux mordus des serpents.
30. — Des sansues.
31. — Si une volaille est volée en la crèche.
32. — De l'aconit, appellé vulgairement tue loup ou estrangle liepard.
33. — De la ceguë.
34. — Des chenilles.
35. — Des remèdes pour chevaux velus et couverts de poils rebours.
36. — De la production et naissance des dents et de la cognoissance de l'aage des
       chevaux.
37. — De la manière de cautériser et d'user du feu.
38. — Comment on doit nourrir et renouveller les chevalines de fourrage.
39. — De la repletion et crudité.
40. — De la maniere de chastrer les chevaux.
41. — Des fractures.
42. — De la fureur et rage du cheval.
43. — Des rheumes et distillations du chef.
44. — Pour les léthargiques.
45. — Des signes des chevaux qui ont bons pieds et fermes et de ceux qui les
       ont tendres et délicats.
46. — Du cheval qui est tout en eau de sueur, sans occasion manifeste.
47. — De ceux qui sont blessez d'entrapes ou de cordes mises en façon d'entrapes.
48. — De ceux qui sont morfondus et refroidis.
49. — De la maladie caduque.
50. — De ceux qui usent la corne en cheminant.
51. — Des defluxions qui se font es ulcères et de ceux qui ont receu morsure par
       un porc sanglier.
52. — Les aides pour l'estranguillon.
53. — S'il y a quelque chose de retrait en laine.
54. — Pour toutes durtez de la coronne du pied, qui s'appellent durillons et calz
       de tuf.
55. — De la manière de faire lacher le ventre aux chevaux du haras.
56. — Les oracles d'Apsyrte de la différence et beauté des chevaux (races de
       chevaux).
57. — De l'exercitation du cheval de guerre et de dompter le poulain.
58. — De la luxation qui se fait es pieds des bestes qui ont l'ongle indivisé, et
       aussi de l'augmentation de la corne.
59. — La cure du farsin ou lepre.
60. — De la pastinaque.
61. — Des chevaux afamez et degoustez.
62. — De la vecie destournee.
63. — Des fendaces et rhagades.
64. — Pour faire croistre l'ongle.
65. — Pour chevaux brulez de glace.
66. — De la maladie nommee *Miserere mei* par le vulgaire, qui est une espèce
       de cholique.
67. — Du durillon appellée la more.
68. — Des fistules.
69. — Des infusions composées (emplastre d'or, emplastre tripherum d'Hiérocles),
       cataplasmes divers.

TROISIÈME LIVRE.

Livre troisième de l'Art vétérinaire qui pourra servir de Promptuaire, fait par
Maistre Iean Massé Médecin.

Chapitres.

MIZALDE.

Antoine Mizalde ou Misalde, né à Montluçon, au commencement du XVIe siècle, mort à Paris en 1578, fut un médecin et un mathématicien célèbre. Il publia plusieurs écrits, dont une collection de mémoires sur des sujets variés, intitulée :

Antonii Mizaldi monluciani. De arcanis naturae libelli quatuor. Editio tertia. Lutetiae apud Jacobum Keruer, 1558, in-16. (Bibliothèque de l'École d'Alfort, A. 250.)

Ce petit opuscule, d'un très petit format, de 158 pages de texte, contient plusieurs aphorismes bizarres et sans valeur sur les animaux, tirés des ouvrages de l'antiquité.

Dans le premier livre, dédié à Joannus Olivarius franciscain, p. 33, il dit que la contagion se répand seulement sur les bœufs, d'autres sur les chevaux, certaines sur les porcs et quelques-unes sur les moutons. — A propos de la rage, il fait remarquer (p. 33) que les personnes mordues par un chien enragé, non seulement craignent l'eau, mais que leur corps devient diaphane et transparent ; qu'un chien mordu par un de ses congénères enragé tombe en rage quand il s'étend sous un sorbier (p. 33 verso et p. 45) ; que tous les animaux mordus par un chien enragé meurent, excepté l'homme, ou, comme quelques-uns disent, d'après Aristote, plutôt que l'homme ; que l'Alyssos est une herbe très efficace contre la morsure des enragés (p. 53 verso). Il prétend (p. 15) que l'herbe *holosteon*, mangée par les moutons, supprime aussitôt la diarrhée, et resserre tellement les intestins, que les sorties naturelles des excréments sont bouchées. D'après lui (p. 40 v.), il aurait été reconnu et observé que toutes les femelles domestiques, lorsqu'elles sont en état de gestation, succombent ou avortent, quand le mâle qui les a rendues pleines est immolé.

Dans le deuxième livre, dédié à Antoine Minard, chanoine de l'église de Paris, nous remarquons ce qui suit : d'après Aristote, la rue, et suivant Dioscoride, l'Alyssus, suspendus au cou des animaux, en amulette, les préservent de la fascination, et sont un antidote contre les morsures des chiens enragés (p. 60, verso). — La chair des brebis, mordues par le loup (p. 65), devient plus tendre, plus agréable au goût, et leur laine n'engendre plus de poux (Plutarque, *in* Sympos). — Les poissons malades dans les viviers (p. 67) sont revivifiés par l'ache ou le persil (Théophraste). — Les chèvres donnent plus de lait (p. 81) quand on place sous leur ventre du dictamne (Florentin, Africanus). — Démocrite dit que les bœufs ne se fatiguent pas en labourant, si on enduit leur corps d'huile et de térébenthine chauffées ensemble (p. 92). — Les œstres ou taons n'attaquent pas les bœufs dont le corps est aspergé d'une décoction de baies de laurier broyées (Sotion).

Dans le troisième livre, dédié à Pierre Minard, conseiller au sénat de Paris, il dit, d'après Élien, que les ânes ne ruent pas quand on leur suspend une pierre à la queue (p. 108) ; que le sang du chien enragé, donné en lavement, éteint la rage.

Dans le quatrième livre, dédié à Jacob Gougnon, cardinal vicaire de Châtillon, il est dit (p. 127) que ceux qui sont mordus par des chèvres enragées doivent s'abstenir, pendant un an, du contact de certains arbres, surtout du Cornus, dit sang de vierge (Mathiolus) ; que le laurier-rose ou rodophanes ou les fleurs et les feuilles de Rhododendron sont vénéneuses pour les mulets, les chiens, les ânes, etc., etc.

Les *Arcanes de la nature* d'Antoine Mizalde ont été réimprimées, sous des titres différents, à Paris, en 1567 et 1584.

PARÉ.

Ambroise Paré, le restaurateur de la chirurgie française, naquit à Bourg-Hersent, près de Laval, à une date qu'on ne peut préciser. Malgaigne et E. Bégin le font naître en 1517, ce qui est impossible, car on a de lui une observation sur les monstres parue à Angers en 1525. La date de sa mort étant exactement connue (20 décembre 1590) et la plupart de ses biographes lui donnant à cette époque l'âge de quatre-vingts ans, cela fixe la date de sa naissance en 1510 ou 1509.

Ambroise Paré, chirurgien ordinaire de Henri II, de François II, de Charles IX et de Henri III, releva la chirurgie française, dédaignée des médecins et tombée aux mains des empiriques et des illettrés, en imaginant plusieurs opérations nouvelles et en tirant de l'oubli celles qui étaient devenues désuètes. On lui doit la ligature des artères béantes, qu'on cautérisait auparavant pour arrêter l'hémorragie.

Les œuvres d'Ambroise Paré eurent un grand nombre d'éditions, une vingtaine environ. La première fut imprimée à Paris en 1575 ; la deuxième en 1579. Le Dr Malgaigne en a donné une excellente, avec des notes, Paris, 1840-41, 3 vol. gr. in-8 $\left(\text{Bibliothèque nationale, Td } \frac{72}{2}\right)$.

La huitième édition, que j'ai consultée à la Bibliothèque de l'École vétérinaire d'Alfort, E. 265, a pour titre :

« Les œuvres d'Ambroise Paré, conseiller et premier chirurgien du Roy. 8e édition, Paris, 1628, in-fol. »

Le livre deuxième traite des animaux, p. 54 à 82, savoir :

- De la nature des bestes brutes.
- Du prognostic des animaux.
- De l'artifice et industrie des animaux.
- De l'artifice et industrie des oiseaux à faire leurs nids.
- De l'artifice des araignées.
- Des mousches à miel.
- Du gouuernement des mousches à miel.
- Des fourmis.
- Des vers qui font la soye.
- De l'industrie des animaux et amitiés qu'ils ont et principalement de leurs petits
- Du temps que les animaux s'accouplent ensemble.
- De l'amour et charité des oiseaux.
- De la nature de l'éléphant.
- Des bestes qui sont es eaux.
- Que les bestes peuvent estre apprivoisées.
- Comme les animaux ont appris aux hommes à fourbir et aiguiser leurs armeures et faire embuscades.
- Des armes des bestes.
- Des bestes qui sont dociles.
- Les oiseaux ont montré aux hommes à chanter en musique.
- Des oiseaux qui parlent et sifflent.
- De l'antipathie et sympathie.
- Comme l'homme est le plus excellent et parfaict que toutes les bestes ensemble.
- L'homme a le corps désarmé.
- Comme Dieu s'est montré aimable en la création de l'homme.

— La cause pourquoy les hommes ne présagent comme les animaux.

— L'homme a la dextérité d'apprendre toutes les langues.

Au 23e livre, des Venins (tome III de l'édit. Malgaigne, p. 34), il parle du chien enragé (chap. 15, 16 et suiv.), des dangers que présentent les champignons (p. 783), des ascarides (p. 735-738), du ténia (p. 765), et page 786 il dit que les bœufs et les chevaux qui mangent de l'if en meurent.

PASSERAT.

Jean Passerat, poète, né à Troyes en 1534, mort en 1602, fut un des principaux auteurs de la *Satire Ménippée*. Très versé dans la philosophie, il succéda à Ramus, en 1572, dans la chaire de philosophie au Collège de France. Mais c'est surtout comme poète qu'il s'est rendu célèbre. Parmi ses poésies, nous mentionnerons un poème intitulé *Chien courant* dans lequel il passe en revue l'élevage, le dressage et les soins à donner aux chiens de chasse, tant en santé qu'en maladie. C'est un véritable traité de pathologie canine que nous publierons *in extenso* quand nous nous occuperons des maladies du chien.

Ce poème se trouve dans :

« Le premier livre des poèmes de Jean Passerat. »

Paris. Mamert Patisson, 1597, in-4.

— Ve Mamert Patisson, 1602, petit in-8.

— Abel l'Angelier, 1606, petit in-8.

— Claude Morel, 1606, in-8

Le Chien courant a été aussi imprimé à part :

Le Chien courant, poème suivi de quelques poésies du même auteur, précédé d'une introduction par Henri Chevreul, 1864, Aubry, in-8.

DU POY MONCLAR.

Du Poy Monclar ne nous est connu que comme traducteur du traité vétérinaire de Végèce :

Quatre livres de Puble Végèce Renay, de la médecine des chevaux malades et autres veterinaires alienez et alterez de leur naturel, traduits du latin par Bernard Du Poy Monclar. Paris, Ch. Périer, gr. in-4, 1563.

Bibliothèque nationale, Tg $\frac{19}{12}$.

RUEL.

Jean Ruel, ou plutôt du Ruel, naquit à Soissons, vers 1474, et mourut à Paris le 24 septembre 1537. C'était un fin lettré, un helléniste et un latiniste distingué, en même temps qu'un traducteur émérite des écrivains de l'antiquité grecque, ce qui lui valut le surnom d'Aigle des Interprètes. Reçu docteur en médecine, le 27 juin 1502, il devint quelques années plus tard doyen de la Faculté de médecine de Paris, poste qu'il occupa peu de temps (3 novembre 1508 — 3 novembre 1510), car François Ier l'attacha bientôt à sa personne. Malgré sa haute situation médicale, il conservait pour la littérature antique une passion telle, qu'à la mort de sa femme il quitta tout pour entrer dans les ordres, afin de se consacrer plus entièrement à ses études favorites. Il mourut chanoine de l'église de Paris.

Son principal ouvrage fut un traité de botanique, *De natura stirpium*, Paris, 1536, in-fol. de 900 pages, qui eut quatre éditions et comprenait tout ce que les auteurs de l'antiquité avaient écrit sur les plantes.

On lui doit, en 1516, une version latine du Traité de la matière médicale de Dioscoride. Mais ce qui rend pour nous sa mémoire justement précieuse, c'est qu'il traduisit les ἱππιατρικά en latin, en 1530, sur l'ordre du roi.

Veterinariae Medicinae Libri II iohanne Rvellio Svessionensi Interprete. Parisijs apud Simonem Colinoeum (Simon Colines). 1530.

Ce travail in-folio comprend 16 feuillets non chiffrés et 120 numérotés. Les feuillets liminaires contiennent : le titre ; la dédicace au roi, datée du 5 avril 1528 ; une liste de 17 auteurs grecs qui ont écrit sur la vétérinaire ; 3 distiques latins.

D'après Renouard (Bibliographie des éditions de Simon Colines, 1520-1546), ce livre est un des plus beaux de ceux imprimés par Louis Blaublom. Cet ouvrage se trouve à Paris, à la bibliothèque Sainte-Geneviève, à la bibliothèque de la Faculté de médecine, à la bibliothèque de l'École vétérinaire d'Alfort ; et dans les bibliothèques de La Rochelle, de Nantes, de Rennes, de Senlis, de Troyes, de Valenciennes.

Dans le *Dictionnaire médical* de Dechambre, Ruel est cité comme ayant composé l'ouvrage suivant :

Interpretatio latina Anatolii. De mulo-medicina. Bâle, 1530, in-fol.

OLIVIER DE SERRES.

Olivier de Serres, seigneur du Pradel, naquit vers 1539, près de Villeneuve-de-Berg (Ardèche), au domaine de Pradel, où il mourut le 2 juillet 1619, à l'âge de quatre-vingts ans. Très zélé calviniste, on ignore la part prise par lui aux guerres de religion qui désolèrent le Vivarais. Mais s'il ne se désintéressa pas complètement des luttes religieuses, il revint de bonne heure à la culture de son beau domaine du Pradel, où il vécut de longues années en gentilhomme campagnard.

« Mon inclination et l'estat de mes affaires m'ont retenu aux champs en ma maison... J'ai trouvé un singulier contentement en la lecture des livres d'agriculture à laquelle j'ai de surcroit adjousté le jugement de ma propre expérience. »

Par ce temps d'agitations et de guerres civiles qui ruinèrent les provinces, l'agriculture, un instant prospère, était quelque peu tombée en discrédit. « Le pays était trop bouleversé pour que le propriétaire rural s'abandonnât avec confiance au soin des récoltes que tant de *picoreurs* pouvaient lui enlever. De plus, les savants ne s'étaient guère essayés à secouer la routine agricole et à joindre à l'expérience ancienne la leçon d'observations nouvelles et plus directes. » (Petit de Julleville, *Histoire de la langue et de la littérature françaises*, t. III, p. 522.)

C'est en grande partie à la vaste érudition d'Olivier de Serres, à sa pratique des choses agricoles, que nous sommes redevables du relèvement de l'agriculture à cette époque. C'est en 1600 que parut le « Théâtre d'agriculture » dédié à Henri IV. Il fut tellement goûté de ce prince que, suivant Scaliger (Adit. ij., p. 306), «trois ou quatre mois durant, se la faisoit apporter après dîner, et si il lisoit une demi-heure ». Cet ouvrage jouissait également de la faveur du public, car il eut plus de vingt éditions, dont huit du vivant de l'auteur. Mais, vers la fin du XVIIe siècle, il tomba tout à coup dans l'oubli, le public lui préférant la « Maison rustique » de Charles Estienne, complétée par Liébault. Les uns attribuent cette défaveur aux opinions calvinistes d'Olivier de Serres, tandis que d'autres prétendent que, l'ouvrage ayant vieilli, les cultivateurs recherchaient de préférence les travaux agronomiques d'un style plus moderne.

La première édition de l'Agronomie d'Olivier de Serres a pour titre :

Le Théâtre d'Agriculture et Mesnage des champs d'Olivier de Serres, seigneur du Pradel. Paris, Iamet-Metayer, 1600, in-fol.
Successivement parurent les éditions suivantes :
Paris. Saugrain, 1603, in-4.
    —   —   1605, —
— Jean Berjon, 1608, in-4.
Genève. Mathieu Berjon, 1611, in-8.
Paris. Abr. Saugrain, 1615-1617, in-4.
Genève. Pierre et Jacques Chouët, 1619, in-4.
Rouen. Louis du Mesnil, 1623, in-4.
— Robert Valentin, 1623, —
Genève. Pierre et Jacques Chouët, 1629, in-4.
Rouen. Jean de la Mare, 1635, in-4.
Genève. Pierre et Jacques Chouët, 1639, in-4.
Rouen. Jean Berthelin, 1646, in-4.
Genève. Samuel Chouet, 1651, —
Rouen. David Berthelin, 1663, —
Lyon. Antoine Beaujollin, 1675, —
Paris. Meurant, 1802, 4 vol. in-8.
— Mme Huzard, 1804, 2 vol. in-4.
— Sanier, 1873, in-8.

L'édition de 1804, publiée par les soins de la Société d'agriculture, est intitulée :

Le Théâtre d'Agriculture et Mesnage des champs d'Olivier de Serres, seigneur du Pradel, dans lequel est représenté tout ce qui est requis et nécessaire pour bien dresser, gouverner, enrichir et embellir la Maison rustique. — Nouvelle édition conforme au texte, augmentée de notes et d'un vocabulaire ; publiée par la Société d'agriculture du département de la Seine.
Paris, Huzard, an XII (1804), 2 vol. in-4.

Cette édition contient une notice bibliographique par J.-B. Huzard, une étude historique de Grégoire, ancien évêque de Blois, sur les sciences agronomiques. Le « Théâtre d'Agriculture » est divisé en huit livres auxquels Olivier de Serres donne le nom de « lieu ».

Le premier lieu, de huit chapitres, renferme des notions, adressées au père de famille, sur la terre à cultiver, sur le logis qu'il doit habiter, sur sa famille et les serviteurs qu'il doit employer. C'est un véritable traité de déontologie agricole qui fait grand honneur à celui qui l'a conçu.

Le deuxième lieu, de sept chapitres, traite de la culture des céréales, des légumes et de leur récolte.

Le troisième, en quinze chapitres, s'occupe de la culture de la vigne, des vendanges, des vins et autres boissons.

Le quatrième (seize chapitres) est réservé à l'entretien du bétail ; dans ce livre, il est surtout question d'élevage des animaux domestiques : du bœuf (chap. 7, 8 et 9) ; du cheval (chap. 10) ; de l'âne (chap. 11) ; du mulet (chap. 12) ; du mouton (chap. 13) ; de la chèvre (chap. 14) ; du porc (chap. 15) ; du chien (chap. 16).

Le cinquième traite des volailles, des garennes, du vivier, des abeilles, des vers à soie.

Le sixième est un traité d'horticulture, et le septième un traité de sylviculture.

Le huitième et dernier donne des recettes de cuisine, d'économie domestique, des formules pour le traitement des maladies de l'homme et des animaux. Le formulaire convenant aux animaux domestiques occupe tout le chapitre 6, p. 752 à 766.

Imprimés anonymes.

1506.

La Médecine des cheuaulx et des bestes chevalines. A la fin on list : Cy finist le liure des medecines des cheuaulx et bestes cheualines imprime a paris nouuellement par Jehan Trepperel demourant en la rue neufue nostredame a lenseigne de lescu de france (s. d.), in-4 goth. de 12 ff. non chiffrés.

Ce petit ouvrage aurait été imprimé, d'après Brunet, vers 1506, et se trouverait ordinairement relié avec d'autres opuscules de la même époque.

1571.

Medecine fort vtile et necessaire a tous gentilz-hommes, Escuyers, gens de guerre, et autres personnes, pour recouurer subtil moyen, et guarir en brief toutes sortes de maladies qui peuuent aduenir iournellement à leurs cheuaux ; auec receptes et remedes a ce requises et conuenables. Aussi la maniere de choisir Estallons, dompter cheuaux tant pour aller a la guerre qu'ailleurs.

A Paris, Antoine Houic, à l'Enseigne de l'Éléphant, 1571, petit in-16 de 31 ff. non paginés (Huzard, t. III, n° 4111).

D'après le général Mennessier de La Lance, c'est un opuscule rarissime.

S. D.

Medecines pour guerir toutes maladies qui peuvent advenir aux chevaux, les signes et marques de les choisir, tant pour estre estallons que pour servir à la guerre. Adjousté de nouveau plusieurs recettes depuis les précédentes impressions.

Paris, H. Vélut, (s. d.), in-16. Bibl. nat. Tg $\dfrac{22}{8}$ Réserve.

TRAITÉS MANUSCRITS.

1. Traité de marechalerie du xvie siècle. — Bibliothèque nationale, fonds français, n° 9577 (suppl. fr. 540, 17 B.).

2. La maniere de bien gouverner, dompter les jeunes chevaux. 1 vol. in-fol. pap. — Bibliothèque nationale, fonds français, n° 19085 (s. g. fr. 1615).

3. Recettes pour faire changer le poil aux chevaux. fol. 275, 276, papier. — Bibliothèque nationale, fonds français n° 4003 (anc. 8933^b).

4. Dessins de mors de chevaux (fol. 182-188). Modèles de selles. Vers et aphorismes sur les chevaux. Écriture et dessins du xvie siècle. Papier, 240 feuillets — Bibliothèque de l'Arsenal, n° 3104 (271 S. A. F.).

5. « Trois livres de Mareschalerie dans lesquelz sont contenues plusieurs choses concernantes tant les maladies des chevaulx, les remèdes d'icelles. » Fait à Rome le 18 may 1588. Suit la table des matières. — Fol. 71. Avvertimente molto utili et necessarii per accomodare ogni sorte di cavalli. Papier, 101 ff. — Bibliothèque Sainte-Geneviève, n° 1064 (v. f. in-fol. 15).

6. Manuscrit E. « Remèdes contre les maladyes des chevaulx ». Papier, 28 ff. (171-198). — Bibliothèque de l'Arsenal, n° 2128 (46 *bis* J. f.).

7. « La nature et la vertu des chevaulx ». In-fol. 148 ff. Manuscrit sur vélin, dédié à Louis XII, enrichi de 174 miniatures en or et couleur, d'un nombre égal de lettres titres en grisaille d'or et de majuscules ornées de diverses couleurs. Imparfait des feuillets 123, 124, 125, 134, 135, 136 (Cat. de la bibl. d'Huzard, t. III, n° 3528).

8. « Livre de Mareschaulcie, dedans le quel sont contenues plusieurs choses concernantes tant les maladies des chevaulx et remedes d'icelles, que aussi pour cognoistre les qualités et natures de chacun cheval ou poulain ». In-4, 75 ff. papier (Cat. d'Huzard, t. III, n° 3529. — Cat. Cornuau).

9. Remèdes pour diverses maladies des chevaux. Petit in-4, 72 ff. papier. Imparfait de plusieurs feuillets (Cat. d'Huzard, t. III, n° 3703).

10. Manuscrit néerlandais. Traité des chevaux et de leurs maladies. Traduit de L. Nucius « maréchal de Rome »; f. A. D. table; Début (fol. A). Die voerspraeke. Texte. f. 1 à 115. Début (fol. 1). « Die voerspraeck. Laurens die men noemt. » Provient de la Bibl. Thevenot. xvie siècle. Papier 120 ff. 195 sur 140 millim.

Bibl. nat., 99. Ancien fonds français $\frac{8173}{4}$.

11. « Traité de la nature des faulcons ».
A la suite (fol. 42) une note extraite du livre X X des animaux d'Albert le Grand. Papier, xvie siècle (anc. *7464*). — Bibl. nat., fonds français n° 1304.

12. 1° « De la connoissance des oiseaux de poing et leurre ». 2° Notes et extraits relatifs à l'art de la fauconnerie (fol. 50). Papier, xvie siècle (anc. *7465*[3], Colbert, *1515*). — Bibl. nat., fonds français, n° *1306*.

13. « Livre des oiseaulx de proye tant en l'art d'esperverie, aultrusserie que faulconnerie. »
« Cy fine le livre de l'art d'esperverye, aultrusserie et faulconnerie, faict et traduict du contenu en plusieurs vieulx livres anciens et modernes, escriptz et faictz en plusieurs et diverses langues, par Charles Lescullier, natif de Moullins en Bourbonnois, dem. à Paris. commis de Monseigneur maistre Lambert Meigret, conseillier du Roy nostre sire, secretaire et contrerolleur general de ses guerres. » Parchemin 78 ff. 295 sur 210 mill. Écriture du xvie siècle. Titres rouges. Un épervier dessiné au crayon fol. 1, fol. 25ᵛ: fol. 178ᵛ « oiseau cauterise ».
De la Bibl. de M. de Paulmy (sciences n° 5008). — Bibl. Arsenal, 5200 (275 S. A. F.)

VI

Contrées diverses.

GESNER.

Conrad Gesner, né à Zurich, le 26 mars 1516, mort le 13 décembre 1565, fut un des plus laborieux et des plus érudits du xvie siècle. Tout d'abord il s'adonna aux études médicales qu'il vint étudier à Zurich, à Strasbourg, à Bourges, à Paris, à Montpellier et à Bâle, où il fut reçu docteur en 1541. En même temps il étudiait les sciences naturelles, la philologie, les langues anciennes et particulièrement l'hébreu. D'abord professeur au collège de Zurich, deux ans après il enseignait la littérature grecque à Lausanne, puis la chaire de philosophie à Bâle, et enfin, en 1555, l'histoire naturelle à Zurich, chaire qu'il conserva jusqu'à sa mort.

Parmi les nombreux ouvrages publiés par Gesner, nous mentionnerons sa *Bibliothèque universelle* (Zurich, 1545-1548), vaste recueil bibliographique des livres grecs, hébreux, latins, etc. ; son *Enchiridion de l'histoire des végétaux* (1541) ; sa *traduction latine* des œuvres complètes d'Élien ; et surtout son *Histoire des animaux*, en cinq volumes in-folio, qu'il mit huit ans à composer, et qui comprend plus de 4 500 pages in-folio, enrichies de plusieurs centaines de gravures sur bois, dessinées par lui.

Le premier volume, qui parut en 1551, traite des mammifères vivipares ; le second, des quadrupèdes ovipares ; le troisième, des oiseaux ; le quatrième, des poissons et des animaux aquatiques ; le cinquième, des serpents. Ce dernier fut composé après sa mort.

Les animaux sont rangés par ordre alphabétique des noms latins. Chaque animal est décrit en huit sections, désignées par les huit premières lettres de l'alphabet. La première comprend l'énumération de ses différents noms dans les langues anciennes et modernes ; la seconde ndique son habitat, son facies, sa description extérieure et intérieure ; a troisième traite de la biologie en général, des milieux où il vit, ainsi que des maladies auxquelles il est sujet ; la quatrième s'occupe de sa vie, de ses mœurs, de ses instincts, de ses passions ; la cinquième, de son utilité en général, des diverses façons de l'élever, de l'apprivoiser ; la sixième s'occupe de son emploi comme aliment ; la septième, de son utilité en médecine ; la huitième et dernière décrit ses noms poétiques, leur étymologie, les épithètes qui lui sont attribuées ; les symboles, proverbes qui lui sont appliqués, etc.

L'Histoire des animaux de Gesner, dit Cuvier, peut être considérée comme la première base de la zoologie moderne, car c'est à lui que revient l'honneur d'avoir donné aux sciences naturelles leur essor. Boerhaave lui décerna le titre de prodige d'érudition (*monstrum eruditionis*). Tournefort le désigne sous le nom de Père de l'Histoire naturelle. D'après Schneider, traducteur de l'Histoire de la zoologie de Carus, les auteurs qui ont écrit sur l'histoire de la zoologie s'accordent à voir en lui le plus grand naturaliste de son siècle.

En ce qui nous concerne, nous aurons surtout à étudier le livre premier : *De quadrupedibus viviparis*, dont le texte de l'édition de 1603 comprend 976 pages. Au point de vue zoologique, nous y trouverons d'excellentes descriptions des animaux domestiques : de l'âne, p. 5 à 24 ; du bœuf, p. 25 à 121 ; du chien, p. 159 à 243 ; de la chèvre, p. 243 à 303 ; du cheval, p. 403 à 549 ; du mulet, p. 702 à 713 ; du mouton, p. 771 à 822 ; du porc, p. 872 à 918.

Nous pourrons aussi y puiser quelques renseignements sur la pathologie, quoique moins bien traitée que la partie zootechnique. Vitet (*Analyse des auteurs qui ont écrit sur la médecine vétérinaire depuis Végèce*) a consacré une assez longue notice (p. 39 à 48) au travail de Gesner.

L'Histoire des animaux a pour titre (1er livre) :

Conradi Gesneri, Medici Tigurini Historiae Animalium.
Liber primus. De quadrupedibus viviparis. Opus Philosophia, Medicis, Gram-

maticis, Philologis, Poetis et omnibus rerum linguarumque variarum studiosio, utilissimum simul jucundissimumque futurum.

Francofurti 1603, in Bibliopolo Cambieriano. — Bibl. d'Alfort. A. 117.

Elle eut plusieurs éditions. La première, imprimée à Tiguri, date de 1551. Une traduction en langue allemande par G. Horst parut en 1669 à Francfort-sur-le-Mein. Jardine cite une ou deux traductions françaises. Voir : Carus, *Histoire de la zoologie*, p. 228 (note).

Gesner fit aussi des extraits de son grand ouvrage qu'il publia, avec des figures plus nombreuses, sous le titre de :

Iicones animalium quadrupedum viviparorum et oviparorum... Tiguri, c. Fros-choverus, 1553-60, 3 tomes en 1 vol. in-fol. Une autre édition parut à Heidelberg, en 1606.

STRADAN.

Jean Stradan, né et mort à Bruges (1536-1605), fut avant tout un peintre religieux. Si nous le mentionnons ici, c'est à cause de son goût très prononcé pour la représentation du cheval, qu'il reproduit dans nombre de ses compositions. Mais là ne se borna pas son rôle de peintre animalier ; il a laissé plusieurs dessins consacrés spécialement au cheval, et édités sous forme d'albums.

Equile (1) Ioannis Austriaci Caroli V Imp. F. In quo omnis generis generosis-simorum equorum ex variis orbis partibus insignis delectus. Ad vivum omnes delineati a celeberrimo pictore Iohanne Stradano Belga Brugensi et a Philippo Gallaeo (2) editi. Adrianus Collaert (3) sculpsit (s. l. n. d.), in-fol. obl. (Anvers?, vers 1568).

On cite deux autres éditions : l'une imprimée à Anvers (Antverpiae, apud J. Gallœum), en 1578, que Brunet croit à tort être la première en date ; l'autre, éditée par Marc Sadler, probablement à Venise, au commencement du XVIIe siècle.

Indépendamment de cet album de chevaux, Stradan a fait paraître plusieurs séries de planches représentant des combats de cavalerie ou des parties de chasse. Mais l'*Equile* seul doit nous intéresser, en ce sens que les 41 planches de cet album représentent des chevaux de divers pays : daces, bretons, germains, napolitains, africains, maures, turcs, sardes, espagnols, calabrais, belges, danois, flamands, corses, etc. Au-dessous de chaque planche est mentionné le nom latin du cheval, suivi d'un quatrain en langue latine.

Les planches de l'édition gravées par Sadler (Bibliothèque d'Alfort,

---

(1) L'Écurie.
(2) Philippe Galle, graveur flamand (1537-1612).
(3) Adrien Collaert, graveur belge (1520-1567).

F. 877) sont très jolies; malheureusement, presque tous les chevaux
y paraissent calqués sur le même modèle, le cheval de gros trait.

Kemal Ed-din.

Schrader le mentionne comme auteur d'un traité vétérinaire, en
langue arabe, publié dans le courant du xvᵉ siècle (Neumann, p. 193).

LIVRE DEUXIÈME

I

Maladies contagieuses et infectieuses.

Laurent Joubert, dans un *Traité de la peste*, a longuement disserté
sur la contagion. Il admet comme cause principale des maladies pestilentielles l'air infecté. Par ce moyen, dit-il, « aucune fois elle (la contagion) se rue cruellement sur diverses sortes d'animaux... d'où l'on a
vu fort souvent que les chiens et les chats ont communiqué leur contagion aux hommes de rue en rue, de village en village ». Néanmoins, il
considère la réciproque comme vraie, car il ajoute : « Toutefois il
advient volontiers (comme Ficin le raconte) que ceste contagion passe
des hommes aux pourceaux, a cause de quelque similitude de prinse,
non pas des esprits, mais de la chair. Au contraire, Arnaud de Villeneuve tient que jamais la peste des hommes ne possede le bestail ; et
la peste des bestes ne saisit jamais l'homme. » (Traité de la Peste composé en Latin par Lavrent Joubert. Trad. franç., Paris, Jean Lertout,
1581, in-8.)

Fracastor étudie aussi la contagion dans toutes ses manifestations.
La plupart de ceux qui ont écrit sur la pathologie animale considèrent
le toucher ou plutôt le contact, sous toutes ses formes, comme une des
causes primordiales de la contagion. Aussi avaient-ils soin de séparer
aussitôt, des animaux sains, ceux qui étaient atteints d'une affection
contagieuse ; et de laver à l'eau chaude les mangeoires avant que d'en
introduire d'autres.

a. Épizooties en particulier.

Charbon

Th. Wierus (1) rapporte qu'en mai 1552 éclata, sur le territoire de
Lucques (*Lucca*), en Italie, tout près du village de Messabia, une peste
très contagieuse (*pestilens*) sur les troupeaux (*pecora*). Tout animal

---

1) Thomas Wierus, *De præstigiis dæmoniorum* (Paulet, I, p. 93).

atteint mourait. Aussitôt après la mort, les chairs se putréfiaient, et le corps devenait emphysémateux (*ut statim correpta, tumescentia conciderunt mortua*). Le sang de ces animaux, souillant quelques parties du corps des personnes chargées de les dépouiller, causait de véritables charbons (*si horum infectorum sanguis nudum contingeret hominis corpus, anthraces procreant*). Thomas Wierus ajoute qu'on n'avait aucun danger à craindre quand on n'autopsiait pas les animaux ; et il termine en disant que l'ingestion de la viande bien cuite ne donnait aucun mal, mais que le bouillon était mortel. Ambroise Paré (Œuvres, Lyon, 1741, p. 529) dit ceci : « Toutefois on a vu aussi pour escorcher des bœufs et autres bestes mortes de peste, l'escorcheur mourir subitement et le corps d'iceluy devenir tout enflé. »

Il est probable dans ces cas qu'il s'agit d'une affection de nature charbonneuse, mais nous ne pouvons méconnaître que les accidents consécutifs pouvaient être aussi de nature septique.

Francini, traducteur de Ruini, sous le titre de *Carboncles* (livre 2, chap. 22), décrit des symptômes ayant beaucoup d'analogie avec ceux de la fièvre charbonneuse du cheval. « Il nait entre col et mascelles, entre cuisses pres testicules, près du cœur, des tumeurs malignes et venimeuses, lesquelles ont accoustume en très peu d'heures de causer la mort au misérable animal. Oter l'animal de la compagnie des autres, afin que les autres ne prennent le mal de contagion ».

Clavelée.

Laurent Joubert, dans son *Traité de la Peste* (1567), paraît être le premier auteur qui ait désigné clairement la clavelée, sans pour cela entrer dans aucun détail. Ainsi, à propos de la peste (livre 2), il dit que les habitants de Montpellier appellent *picotte* une peste familière aux troupeaux: « *Monspelienses pestem pecoribus familiarem picotam appellabant* ». La clavelée est encore désignée sous ce nom à Montpellier et dans tout le Languedoc.

Ronsard (1), dans l'*Hymne à saint Blaise*, la signale aussi sous ce nom:

> Garde nos petits troupeaux,
> Laines entieres et peaux,
> De la ronce dentelee,
> De tac et de *clavelee*,
> De Morfonture et de tous.

Fièvre aphteuse.

Fracastor (*De contagione*, livre I, chap. 12) signale une maladie conta-

---

(1) RONSARD, éd. Martin-Laveaux, t. VI, p. 321. Paris, 1893.

gieuse (*contagio*) qui, en 1514, frappa les bœufs du territoire de Frioul (*foroiuliensem*), gagna la Gaule Transpadane (*ad Euganeas*), et de là se répandit sur tout le territoire de Vérone, de la France et d'Espagne.

Tout d'abord le bœuf, sans cause manifeste, refusait toute nourriture (*abstinebat primo bos a cibo*); puis les bouviers, entr'ouvrant leurs mâchoires, voyaient au palais, et dans toute la gueule, une certaine aspérité et de petites pustules (*asperitas quœdam et parvae pustulae percipiebantur in palato et ore toto*). Il fallait aussitôt séparer le sujet contaminé du reste du troupeau, sinon tous en étaient atteints (*separare protenus infectum oportebat a reliquo armento, alioque totum inficiebatur*). Peu à peu le mal descendait dans les épaules et de là dans les pieds (*paulatim labes illa descendebat in armos et inde ad pedes*). Ceux chez lesquels on observait cette dernière manifestation guérissaient presque tous (*sanabantur fere omnes*) ; tandis que les autres mouraient pour la plupart (*quibus autem non fiebat plurima pars interibat*).

Paulet désigne cette affection sous le nom de fièvre pestilentielle exanthématique. Dupuy l'envisage comme étant de nature varioleuse. Lorenzer la décrit comme étant le typhus contagieux. Pour Heusinger, c'est la stomatite aphteuse; pour d'autres, le glossanthrax. Mais, d'après les symptômes décrits par Fracastor, on voit qu'il s'agit nettement de la fièvre aphteuse.

Gourme.

Joaquim de Villalba (1) (tome I, p. 83) rapporte qu'en 1518 il y eut, dans la ville de Cascante du royaume de Navarre, une épizootie sur les chevaux de la garnison. Elle consistait en « apostumes » à la tête et à la gorge (*en la cabeza y garganta*), déterminant de l'amaigrissement et de la consomption (*consuncion*). Pedro Lopez de Zamora, proto-albeitar de cette contrée, envoyé pour étudier cette affection, l'attribua au fourrage vert d'un champ ensemencé d'aulx l'année précédente. La maladie eut un caractère très bénin, car il ne perdit que deux chevaux étiques (*eticos*). Il est probable qu'il s'agit ici d'une épidémie de gourme ; les abcès de la gorge et le peu de gravité de cette affection le prouvent.

Morve.

Une des plus vieilles formules chrétiennes de l'Allemagne, en l'an 900, désigne la morve sous les noms de *spurihalz, spurihaz, spurihaiz, spur-*

---

(1) Joaquim de Villalba, Epidemiologia de Española, ó historia cronológica de las pestes, contagios, epidemias et epizootias que han acaecido en Espana. Madrid, 1803.

holz, spurhalz (1). Markham (chap. 40) l'appelle *glaunders*, nom qui lui est encore donné en Angleterre. Ruini se sert du mot *cimorro* ou de *mal del verme*, qu'il tire de la ressemblance de cette maladie (diathèse farcineuse) avec l'altération des arbres produite par des vers (*si come quelli vano corrodendo sotti la scorca la sestanza dell arbore*). Fayser lui donne le nom de *Keelsucht*, et Seuter celui de *Ritzig*.

Ruini reconnaît à la morve diverses manifestations, qu'il divise, suivant les causes, en :

Bianco et œdematoso (blanche et œdémateuse) ;

Rosso et sanguigno (rousse et sanguine);

Giollo et colerico;

Corbaccio o negro (noir de corbeau) ;

Suivant ses localisations, en :

Verme volatile (ver volatil, parce qu'il vole tantôt ici, tantôt là, vagabonde par tout le corps) ;

Verme anticore (ver anticœur, qui se localise devant la poitrine) ;

Verme canino (ver canin, qui naît entre les cuisses) ;

Verme mentagra (ver mentagre, qui naît à la tête, au cou, à la mâchoire) ;

Et suivant les lésions qu'elle produit :

Verme talpino, corde qu'on nomme aussi *taulpin*, par similitude avec les galeries des taupes ;

Verme forcino, lésion de forme triangulaire, ayant une certaine ressemblance avec les fourches de bois ou avec les forces

Verme muscariola, quand il naît çà et là de petits boutons, ainsi appelés par leur ressemblance avec les taches des chevaux mouchetés.

Markham (chap. 112) dit que, de toutes les maladies externes, il n'y en a pas de plus sale que le farcin, qui soit plus méchante, plus infecte et plus dangereuse, quand il est négligé ; mais qu'autrement que c'est la plus facile à guérir, indice qu'il confondait avec la morve bien d'autres maladies bénignes, notamment la gourme. Pour Ruini, c'est une affection très dangereuse; aussi conseille-t-il de séparer aussitôt le malade des sains et de l'enfermer en lieu clos (livre 11, chap. 22).

C'est que tous s'accordent pour reconnaître sa nature éminemment contagieuse. Markham s'exprime ainsi à propos de la contagion de la morve : « ulcères, lesquelles sont si infectes ou contagieuses, qu'autant de chevaux que mordent ou mangent près d'un cheval malade, un mois après ils contracteront la maladie, due à un cheval

---

(1) *Berliner tierärztliche Wochenschrift*, 27 avril 1905, p. 299.

infecté de ce mal ». Massé, dans son *Promptuaire* (chap. 18), dit : « aucunes fois avient d'avoir hanté cheval ou bestail farcineux, car ceste maladie est fort contagieuse ».

Pour Francini (livre 1, chap. 26), la forme la plus dangereuse de la diathèse morveuse serait celle qui se localise « es glandes de la tête. Les chevaux encourrent une *cimourre*, mal très périlleux et mortel »

Les remèdes employés sont très nombreux et des plus bizarres : cautères d'ellébore laissés à demeure entre cuir et chair (livre 1, chap. 26) ; incision au front de la longueur de deux doigts, dans laquelle on introduit de l'écorce interne de sureau vert ; incisions en croix à la partie inférieure de la pituitaire, etc., etc.

Péripneumonie.

C'est bien de la péripneumonie dont il est question dans les descriptions qu'en donnent Gallo (1564), Liébault (1565), Falcone (1597). La *polmonera* ou *male disperato* des Italiens, la maladie du *poulmon* des Français, « est tellement desplorée tant au bœuf qu'à la vache, qu'il n'y a aucun remède, sinon que de laver la mangeoire où elle a esté, avec eau chaude et herbes odoriférantes, avant qu'y attacher les autres, esquelles cependant faut tenir en d'autres estables » (Charles Estienne et Liébault, livre I, chap. 23. — Gallo).

Peste bovine.

Paulet (I, 96) mentionne une peste des bœufs qui exerça ses ravages, en 1599, en Italie, dans les États de Venise, puis en France. D'après Ramazzini (*De contagione epidemia boum*, 1711), le Sénat aurait rendu à ce moment un édit prohibant, sous peine de mort, de vendre ou de distribuer de la viande de bœuf, du beurre, du lait ou des fromages sous quelque prétexte que ce fût. Ramazzini dit que cet édit est consigné dans les registres de la ville de Padoue, à l'article concernant les bouchers. Cette épizootie aurait eu pour point de départ des transactions commerciales, les villes de Venise et de Padoue achetant, de temps immémorial, les bœufs de la Hongrie et de la Dalmatie.

Rage.

Le célèbre chirurgien Ambroise Paré énumère longuement les causes « pourquoy les chiens deviennent plustot enragés que les autres bestes » (23e livre, chap. 15).

« Cela advient parce que de leur nature ils sont prepares et enclins à telle disposition : et pour ce aussi qu'ils mangent quelques fois corps morts charongnieux et autres choses pourries et pleines de vers, et boivent des eaux de semblable nature : aussi par une trop grande mélancholie d'avoir perdu leur maistre, dont courent çà et là pour le trouver, délaissans le manger et boire : de quoy s'ensuit ebullition de leur sang, qui puis apres se tourne en melancholie, et puis en rage. D'auantage pour deux autres causes contraires : la premiere par la trop grande chaleur, la seconde par l'extrême froidure : comme l'on voit que le plus souvent ils enragent ès jours caniculaires, et en hyver durant les grandes gelees. Ce qui aduient, parce que les chiens sont de leur nature froids et secs, et par conséquent ils ont beaucoup d'humeurs melancholiques, lesquels, en telles saisons chaleureuses, se tournent aisement en humeurs atrabilaires par adustion ; comme en hyver par constipation de cuir et suppression d'excremens fuligineux, qui leur causent une fievre continue grandement ardente, et vne phrenesie et rage. Le grand froid de l'air augmente semblablement leur chaleur du dedans, laquelle estant repoussée s'augmente et allume les humeurs preparees a telle rage et pourriture : lesquels sont d'autant plus dangereux, que ne pouvans sortir et evacuer par les pores ou pertuis du cuir (qui pour lors sont du tout fermes) ils demeurent dedans, et font alors les mesmes accidens que fait la grande chaleur de l'este. Aussi deviennent enrages pour vser de viandes trop chaudes qui leur eschauffent le sang et leur causent fievre, puis la rage ; semblablement aussi pour avoir este mords d'autres chiens ou loups, ou autres animaux enrages. » (MALGAIGNE, *Œuvres complètes d'Ambroise Paré*. Paris, Baillière, 1840, 3 vol. in-8.)

C'est là toute la théorie humorale de l'époque. Mais quel plaidoyer en faveur de la spontanéité de la rage ! Ambroise Paré semble n'admettre qu'avec restriction la théorie de la contagion, puisqu'il ne se décide à en parler que tout à la fin de son énumération des causes qui lui paraissent primordiales.

D'Arcussia reconnaît cinq espèces de rage ; du Fouilloux, sept.

1° *Rage chaude et désespérée*, incurable, caractérisée par les symptômes suivants : les chiens lèvent la queue toute droite, ce qu'ils ne font pas dans les autres espèces de rage. « Ils courent sus à tout ce qu'ils trouvent devant eux, tant aux bestes d'aumaille, qu'autres, sans regarder par ou ils passent, soit au travers les rivieres et estangs, gueule fort noire, sans escume. » Quand ils ne peuvent plus aller, c'est-à-dire au bout de trois ou quatre jours, « ils hurlent une façon d'hurlement tout cassé et rance, non pas naturel comme s'ils estoient sains... Toute les bestes qu'ils morderont, tant chiens qu'autres animaux, s'il en sort du sang, ils enrageront sans aucun remede ».

2° *Rage courante*. — Du Fouilloux la considère comme incurable, mais il admet que les morsures ne sont pas si dangereuses, car le premier chien mordu au commencement du jour emporte tout le venin et sera seul en danger de contracter la rage. Dans cette rage, « les chiens ne courent a bestes, ne a hommes, qu'aux chiens, et s'en vont escoutans pour jouïr les abbois des autres chiens, afin de les aller desbrayer et mordre ». Suivant les grands chemins, ils mettent la queue entre leurs jambes « comme fait un renard ». Ils peuvent vivre ainsi tout au plus neuf mois.

Quant aux cinq autres espèces que nous allons sommairement décrire, Du Fouilloux les considère comme curables, « dont je les pense plustôt maladies que Rage », bien qu'il fasse entrer dans cette énumération la rage mue ou paralytique.

3° *Rage mue.* — Inappétence. Les chiens « ont tousiours la gueule ouverte, mettant la patte dedans, comme s'ils estoient enossez et se cachent volontiers en lieu frais et humide ».

4° *Rage tombante.* — Ainsi nommée parce que les chiens qui en sont atteints « tombent par terre, comme s'ils avoient le mal de Saint-Iean ». Sans doute une des formes de la maladie des chiens.

5° *Rage flastrée.* — « Parce que leur mal est dedans les boyaux qui les fait retirer de telle sorte qu'ils sont si plats, qu'on les perceroit avec une aiguille ».

6° *Rage endormie.* — Parce que les chiens dorment continuellement, meurent même en dormant. Cela provient « d'une espèce de petit ver qui leur vient dans l'orifice de l'estomac ».

7° *Rage reumatique.* — Caractérisée par du gonflement de la tête et la couleur jaune des yeux. Il s'agit bien certainement de l'ictère

Ambroise Paré (chap. XVI ; chap. 6, édition 1585) indique longuement les « signes pour connoistre le chien estre enragé ».

« Lors qu'il voit l'eau, il tremble et la craint, et a vne horripilation, c'est à dire que le poil lui dresse. Il a les yeux rouges et fort flamboyans, et renuerses avec vn regard vehement, fixe et horrible, regardant de trauers. Il porte sa teste fort bas et la tourne de coste. Il ouure sa gueule et tire la langue qu'on voit livide et noire, halette, et iette grande quantité de bave escumeuse, et plusieurs autres humidites decoulent de son nez. Il chemine en crainte, tantôt a dextre, tantôt a senestre, comme s'il estoit yvre, et il tombe souuent en terre. Lors qu'il voit quelque forme, il court a l'encontre pour l'assaillir, soit que ce soit une muraille, ou un arbre, ou quelque animal qu'il rencontre. Les autres chiens le fuyent et le sentent de loing : et s'il s'en trouve quelq'vn pres de luy, il le flatte et luy obeit, et tasche a se desrober et fuir de luy, encores qu'il soit plus grand et plus fort. Il ne boit ny mange : il est du tout muet, c'est a dire qu'il n'aboyt point : a les oreilles fort pendantes, et la queue retiree entre les cuisses : il regarde de trauers, et plus tristement que de coustume : il mord egalement bestes et gens, tant domestiques et familiers qu'estrangers, et ne connoist aucunement son maistre, ny la maison ou il a este nourri : parce que l'humeur melancholique luy trouble les sens. Ce qui aduient pareillement aux hommes qui sont vexes de telle humeur melancholique : car ils tuent quelquefois leur peres, meres, femmes ou enfans, et souuentes fois eux-mesmes. » (T. 3, éd. Malgaigne, p. 305.)

Quant aux traitements, ils sont aussi bizarres qu'inattendus. La plupart des auteurs du xvie siècle admettant comme cause de la rage la présence d'un ver sous la langue, l'extirpent, comme moyen de prévention ou de traitement. Du Fouilloux nie que ce prétendu ver puisse avoir une action sur le développement de la rage.

Charles Liébault (livre I, chap. 27) conseille, quand les petits chiens auront quarante jours, de leur rompre un bout de la queue et d'en retirer « un nerf qui passe le long des nœuds et jointures de l'eschine, jusques au bout de la queue, cela fera qu'elle ne s'allongera plus et les gardera d'enrager ».

On vantait aussi les bains de mer ou d'eau salée, aussi bien pour la rage de l'homme que pour celle des animaux. Ambroise Paré dit à ce sujet : « Aucuns sont plongés en la mer apres estre mords de chiens enrages, qui n'ont laisse d'estre surpris de la rage, ainsi que tesmoigne Ferrand Pouzet, cardinal, en son liure des Venins ». Du Fouilloux conseille de plonger les chiens, mordus par un chien enragé, dans l'eau de mer, trois ou quatre fois par jour, pendant quinze ou vingt jours (livre I, chap. 27).

Arcussia dit que peu de gens recourent aux médecins, dans les cas de rage humaine, mais plutôt aux saints, comme, en France, « à saint Hubert ès Ardennes ; en Italie, à saint Danin et saint Bellin ; en Provence, à saint Denis ». Toutefois il ne paraît pas accorder une grande confiance à ces exorcismes, car il conseille de tuer les chiens enragés. Liébault agit de même, quand un chien a été mordu par un loup enragé, « car de donner remede a telle rage, il est du tout impossible » (7e livre, chap. 22).

Markham (chap. 135), Francini (livre II, chap. 11) parlent de la rage des chevaux qui peuvent « encourir la rage, comme chiens, mulets, asnes, loups », et indiquent les remèdes les plus fantaisistes. Pour la rage des loups, consulter : *Histoire notable de la rage des loups en 1590*. Montbéliard, 1591, in-8° (Cat. Huzard, t. III, n° 1290).

b. Épizooties de nature indéterminée.

1508. — Épizootie sur les bœufs et les cochons (*lues intercus pestilens*) en Autriche (Heusinger, t. II, p. clxiv).

1529. — Épizooties (*lues*) sur les cochons à Augsbourg et dans la Thuringe (Heusinger, t. II, p. clxvi).

1529. — Épizootie qui causa de grands ravages sur les vaches, en Suisse (Heusinger, t. II, p. clxvi).

1530. — Pendant la peste de Milan, au dire de Ripamontius, après les hommes les bœufs furent atteints (Heusinger, t. II, p. clxvi).

1584. — Peste sur les porcs (*porcorum lues pestisque*), à Czeyza et aux environs (*P. Langii Chronic. Numburgens. Mencken. Scr. rr. germ.*, II, p. 96; Heusinger, t. II, p. clxvi).

1543. — Grande mortalité due aux pluies excessives de la saison. La viande de mouton fut hors de prix en Angleterre (*Chronological history of animal plagues from B. C. 1409 to A. D. 1800*; analysé par Delle, *Annales de Belgique*, 20e année, 1871, p. 258, 297, 360, 438, 556, 616).

1556. — Épizootie dans les cantons de Bâle et de Berne, en Suisse (*Urstis. chron. Basil.*, t. VIII, p. 22 ; Heusinger, t. II, p. clxviii).

1559. — Épizootie très meurtrière à Magdebourg (*Spangenberg mansfeldsche chronik.*, f. 479; Heusinger, t. II, p. clxviii).

1562. — Wierus mentionne une épizootie bovine qui exerça ses ravages en Allemagne, principalement à Franckfort (Metaxa, t. I, p. 146).

1562. — Épizootie (*lues*) sur les chèvres, guérie par aspersion d'eau bénite (miracle de saint Pierre d'Alcantara. — *Acta sanctorum*, t. 54, p. 698 et § 203).

1588-1594. — Épizootie redoutable (*contagiosus morbus*) sur les troupeaux, arrêtée par sainte Stilla (miracles de sainte Stilla. — *Acta sanctorum*, t. 29, p. 661).

1571. — Épizootie sur le bétail a Memningen (Erhardt, *Topographie de Memningen*, p. 63; Heusinger, t. II, p. clxviii).

1578. — Épizootie sur les chats et les poules à Paris (Joubert, *De peste libellus*; Paulet, t. I, p. 92; Heusinger, t. II, p. clxviii).

1591. — Épizootie en Sicile, à la suite de l'ingestion d'herbes de mauvaise qualité (Heusinger, t. II, p. clxviii).

1592. — Grande mortalité sur les poissons à Leipzig (Vogels, *Am.*, p. 268; Heusinger, t. II, p. clxix).

1598. — Épizootie générale sur le bétail, en Allemagne, à la suite d'inondations, de brouillards (J. A., *Ampsingii de medic. et astron. conjugio*. Rostoch, 1629, VIII, p. 206, 207; Heusinger, t. II, p. clxix; Métaxa, t. I, p. 457).

Peste des chevaux.

Markham décrit, au chapitre XXVI, la peste des chevaux, dite aussi *gargil* ou *muraine* ou *mal montagnat*, comme une maladie contagieuse très pernicieuse.

« Il n'y a pas, dit-il, un des Marechaux italiens, ou de nos **Anglois** que j'aye veu iusques a present, qui donne aucun signe de cette maladie, si ce n'est que deux ou trois disent que la mort qui s'ensuit nous en donnait un indice... Mais ils se trompent, car cette maladie se peut connoistre par des signes extérieurs... En fait le cheval, frappé de ce mal, commence a baisser la teste, et trois jours aprez vous apperceverez des orillons ou enflures au bas de la langue, lesquelles couleront tout le long d'un costé de sa teste, et sont grandes et fort dures. De plus ses lèvres, sa bouche et le blanc de l'œil seront fort jaunes et son haleine sera forte et puante extrêmement ».

Peut-être s'agit-il de l'anémie pernicieuse.

Peste des moutons et chèvres.

Peste, Boussade en Languedoc (Olivier de Serres), *scaltrito* (Gallo). C'est une affection très meurtrière. « Les animaux meurent bien souvent de ,a peste, laquelle non seulement occit en peu de temps celles qui en sont attaintes, ains qui est le pis, une estant tachee, infecte facilement toutes les autres de son infection et maladie. Et pour ce faut soudainement séparer les saines d'avec les malades, à cause qu'il n'y a espoir aucun de les secourir, et mesme si vous voyez que souuent elles remuent les paupieres des yeux, et que soudain elles meurent tombant en arriere, et tout aussi tost fault donner du sel aux autres mesle avec un quart de souphre qui les purgera et garentira de ceste infection. » (Gallo, p. 242.)

Olivier de Serres conseille de changer souvent le troupeau de place, « a quoi par dessus tout autre remede le changement d'air servira, pourveu que sans deslai, cela soit faict, des qu'on s'appercevra le mal estre entre au trouppeau ; que le lieu soit sain et esvente, et que les estables soyent bien nettes » (t. II, chap. 6).

II

Maladies parasitaires.

La parasitologie n'est pas beaucoup plus avancée qu'au moyen âge. En ce qui concerne les helminthes, les auteurs les désignent en général sous le nom de vers.

Markham (livre I, chap. 73) en énumère trois sortes. « Il y en a qui sont petits et courts, avec des testes rouges et de longues queues qui sont blanches, que les Anglais appellent *bots* ; les autres sont gros et courts de la longueur du doigt d'une personne, qu'ils appellent *tranchots* ; et d'autres qui ont six fois autant de longueur qu'ils appellent simplement vers (1). »

Francini (livre IV, chap. 11) désigne les vers intestinaux sous les noms de « vers ou lombriques ou calandres es intestins » et en distingue également trois espèces.

« De ces petits animaux, aucuns sont larges, gros et courts, à la façon de petites noisettes et de couleur sanguine ; lesquels souvent offensent et mordent les boyaulx d'en haut, l'estomach et quelquefois le rongent et le percent (2)...

« ...Et autres sont longs, ronds et blancs (3), et autres petits et déliez comme artusons, lesquels passent avec la fiente par le boyau et en grand nombre vont se mettre et attacher au trou et au bout de l'intestin droit (4)...

« ...Et les autres courts, et gros, comme febves et velus qui s'acrochent en la partie en dedans du même intestin et en celle du dehors du trou (5)... Les premiers sont les plus mauvais et périlleux. »

Au chapitre IV du livre I, en parlant des douleurs de l'estomac, Francini revient sur cette question :

Nous ayant veu aucuns d'iceux (chevaux) ouverts, morts, avoir à l'entour de la bouche de l'estomach une centaine de vers de couleur sanguine et grands comme noisillons d'avelaine ; lesquels, rongée la première tunique de l'estomach, avaient déjà commencé à ronger la seccondе. »

Jean Massé, dans sa traduction des hippiatres grecs, donne aux vers intestinaux tantôt le nom de ver, tantôt celui de teigne (livre I, chap. 42 ; livre II, chap. 26 et 28).

D'Arcussia décrit les vers intestinaux des oiseaux sous le nom de filandres (6) (chap. 23) ; et du Fouilloux, ceux des chiens, sous le terme général de vers.

Cornelio Gemma (lettre de Pecquet dans le *Journal des savans*, 1668) attribue une épizootie, qui décimait les bovidés de la Hollande en 1562,

---

1) Les Anglais appellent aujourd'hui *bots* les larves d'Œstridés, mais il s'agit ici d'autre chose, peut-être d'Oxyures ; on ne peut savoir à quoi répondent les *tranchots* ; quant aux autres vers, ce sont probablement des Ascarides.

(2) Probablement larves de *Gastrophilus hœmorrhoidalis*.

(3) Ascarides.

(4) Oxyures.

(5) Larves de *Gastrophilus hœmorrhoidalis*.

(6) Cf. *Filaria falconum*, Rudolphi, 1809.

à la présence d'un ver dans le foie et les canaux biliaires (Métaxa, t. I, p. 146). Il s'agit bien certainement de la Douve hépatique.

Liébault (livre VII, chap. 116, éd. 1625) parle d'un parasite qui se trouverait entre les onglons du mouton. « Donnez-vous de garde de manger des pieds de mouton, esquels vous n'aurez oste un petit vermisseau qu'on y trouve entre les deux ongles : car ce vermisseau avalle apporte un vomissement, une nausee et grand douleur d'estomach. »

Francini mentionne aussi la présence de vers dans les oreilles du cheval (livre II, chap. 40), ainsi qu'autour de la verge (livre V, chap. 6). Ce sont probablement des larves de mouches

On trouve encore des notions sur les poux, les puces, les tiques, les taons, etc. (Massé, livre II, chap. 27 et 28 ; Markham, livre I, chap. 138).

Ambroise Paré décrit les ascarides (p. 735-738) et les ténias (p. 768).

Les auteurs du xvie siècle connaissaient bien la nature contagieuse de la gale, dont ils n'avaient pas déterminé la cause initiale, et que, pour cette raison, ils confondaient avec d'autres affections de la peau. Ainsi Francini, qui lui donne le nom de gale, de rongne et de scabie, dit qu'elle se propage au cheval « pour être en même lieu, pour être couvert d'une même couverte, nettoyé des mêmes étrilles, du même peigne, et monté de même selle, même harnais » (livre I, chap. 25).

La gale psoroptique des moutons était probablement connue sous le nom de *tac*, dont on signale plusieurs manifestations au xvie siècle. Paulet mentionne une épizootie de ce genre, observée en France vers 1515, et désignée sous les noms de *febris pestifera, vari nigri ou le tac*. Quelques personnes prétendent que cette dénomination se rapporte à la clavelée, ce qui est peu probable, car les écrivains de cette époque en font deux maladies bien distinctes.

Ainsi Rabelais (*Prolog.* du quatrième livre de *Pantagruel*) dit, en parlant des moutons : « ne nous avient souvent que le tac et la clavelée ». Ronsard, dans son *Hymne à saint Blaise*, le supplie de préserver les troupeaux de moutons du tac et de la clavelée.

Le mot tac qui, d'après Paulet, aurait été donné à cause de la grande facilité avec laquelle la maladie de ce nom se propage par le contact, ou, d'après Scaliger, à cause des taches purpurines qui apparaissent sur la peau, fut à cette époque appliqué à diverses affections. Vers 1411 et 1414, on désignait ainsi la grippe (Pasquier, *Rech. œuvres*, I, p. 426). Ambroise Paré (éd. Malgaigne, vol. III, p. 243) décrit une éruption sur la peau de l'homme, semblable à des morsures de punaises, que le vulgaire appelle tac.

Par contre, Gesner et Belon montrent bien qu'il s'agit d'une espèce de gale : « *Scabiem ovium contagiosam Galli vocant tac* » (Gesner, *De qua-drup. vivip.*, t. I, p. 781). Belon (*De medicamentis servandi cada-veris vim obtinentibus*, chap. 1) dit qu'on donnait le nom d'huile de tac (*oleum taccum*) à une espèce d'huile empyreumatique, dont on se servait pour guérir les moutons atteints de cette affection.

III

Pathologie interne et externe.

A. — *Pathologie équine.*

De Beaurepère, dans son « Escurie », traite longuement des « qualités que doit posséder l'écuyer d'escurie » (Avis 2 et 3). Comme quelques-unes ont trait aux soins à donner aux chevaux malades et en santé, nous en donnerons les extraits suivants :

« Il est très necessaire qu'il entende autant qu'il se pourra les maladies des chevaux, du moins les plus ordinaires, afin que son soin et vigilance y remedie promptement, ou qu'il soit du moins assez intelligent pour y faire donner l'ordre necessaire par un bon Mareschal.

« Mais ce qui luy est encore plus necessaire, est une petite boutique dans sa chambre, garnie des choses les plus communes pour soulager promptement les chevaux : comme de l'eau de vie, de l'onguent de pied, de l'onguent pour guérir les encloüeures et cloux de rüe, de quoy faire le gargarisme ou lavement de la bouche, de l'onguent *populeum*, de celuy de *déaltea*, de la gomme *ellemmi*, du bol d'Harmenie, de la there-bentine de Venise, et de la commune, du miel rosat et du commun, de la poix de Bourgongne, de la poix noire, de la poix resine, de la cire neuve, du suif de mouton, de la graisse douce de porc, de vieil oing, du beure de May, du surpoint de l'onguent *Basilicum*, de l'*Egiptiacum*, de l'*Apostolorum*, de l'huile d'olive, de l'huile de noix, de l'huile de laurier, de l'huile de petrole, de celle de camomille et d'*hipericum*, du vinaigre, de l'eau de chicorrée sauvage, de l'eau de plantin, de la poudre d'alun calciné, de l'ail, du sel, du poivre, muscade, canelle, cloux de girofle et gingembre, du sucre blanc, du sucre rouge, du sucre candy, de la tutie, de bon theriaque de Venise, de l'huile de vers, du souffre, des fleurs de souffre, de la collophonne, de l'any vert, de l'any de Florence, de la coriande, du sené, de l'alloès, de lagaric, du diagrede ou scamonnée, du fenoüil en graine, de la graine de lin, des bayes de laurier, du genèvre, de la rubarbe, du polipod, du catholicum, du lenitif, de la décoction à faire lavemens.

« Outre cela, il doit estre fourny d'un étuy de Mareschal, une grande ceringue pour donner lavemens, une petite pour faire les injonctions, il luy faut une corne de cerf ou de chevreüil pour donner les coups de cornes et seigner les chevaux dans la bouche, une corne de bœuf pour donner les medecines, il luy faut le mors d'Allemagne ou pas d'asne pour regarder exactement dans la bouche des chevaux, doit avoir la gouge pour abatre les surdents ou dents de loup, un petit fer propre à oster et brusler le lampas, de bons ciseaux pour faire le poil de l'oreille, le crain, et autre chose nécessaire, et couper les barbillons.

« Il luy faut une ferrière, garnie de quantité de cloux à ferrer, et d'autres pour racommoder les harnois, un boutoir ou paroir, un brochoir ou marteau, des turquoises ou tenailles d'Allemagne, un poinçon percé, des lunettes, des entraves, un rogne-pied, une rappe, du vieux linge, des bandages, une alesne, du ligou, un gros licol à testière de cuir, des licols communs avec quantité de longes de cuir, de corde ou de crain ».

Des maladies qui s'attaquent au cheval nous aurons peu à dire, car ce sont à peu près les mêmes affections décrites au moyen âge, et les noms sont presque tous restés les mêmes. Nous attirerons seulement l'attention sur certains principes de séméiologie, l'examen du pouls, des urines et des excréments, appliqué au diagnostic des maladies, par Péralta, Markham et autres. Markham (livre I, chap. 14) donne pour normale l'urine à coloration pâle, blanche, jaune comme de l'ambre. Quand elle est blanche comme de la crème, c'est signe que le cheval a les reins faibles. Claire comme de l'ambre, ou couleur bière de mars, c'est l'indice d'inflammation du sang, encore plus quand elle est rouge. Pâle, grisâtre, épaisse, c'est un signe de faiblesse des reins, de *chaudepisse*. La couleur noire, nébuleuse, indique une maladie mortelle ou difficile à guérir.

Quant à la coloration des excréments, il la considère comme dépendante de l'alimentation, mais néanmoins il en tire des signes pour servir au diagnostic. Ainsi, si le cheval est remis au vert, et que ses excréments soient ronds comme de petites balles, de couleur verte ou noire, comme ceux du mouton ou du cerf, on pourra être assuré que c'est le résultat d'un excès de travail ou d'un état pathologique, jaunisse ou coliques. S'il se nourrit de paille seulement, la couleur jaune des excréments, leur consistance plus resserrée que fluide, indiquent un état de santé. Mais si leur coloration tire sur le rouge, s'ils sont secs ou humides, aqueux comme ceux de la vache, c'est un signe de maladie interne. Quand l'alimentation consiste en foin et en avoine, les matières excrémentitielles sont de couleur brune ou jaune, humides ou bien liées, avec présence de grains non digérés. Rouges, c'est un signe de maladie. Noires, c'est un présage de mort. Si le cheval ne se nourrit que d'avoine, de pain ou autres choses semblables, les crottins sont de couleur pâle, jaunes comme miel, de consistance un peu épaisse, et renferment des petites graines blanches comme du savon. S'ils deviennent rouges, c'est signe d'une affection de l'estomac ou de l'intestin ; s'ils revêtent une couleur brune, brillante comme la graisse, cela indique qu'il y a arrêt dans la digestion et que les aliments se putréfient dans le canal intestinal.

Dans les maladies de l'*appareil digestif* nous signalerons la diarrhée ou *foire* (Massé, p. 89, 90, 163ᵛ) ; la dysenterie, appelée encore *disentere* ou *caquesangue* (Massé, p. 76ᵛ, 77) ; la *palamie*, abcès dans la bouche (Cotgrave, La Curne Saint-Palaye, Liébault, p. 174, éd. 1597) ; les *pierres creues ou concrues es machoires* qui sont probablement des calculs des canaux excréteurs des glandes salivaires (Massé, p. 39) ; la *maladie de la vessie du fiel*, obstruction du canal cholédoque (Markham, livre II, chap. 63) ; l'*ascite* dont Francini (livre IV, chap. 16) donne la description suivante : « ventre inférieur plein d'eau et grandement enflé ; entre boyaux et coëne grande quantité d'eau jaunâtre,... veines mesaraïques oppiliées,... foye petit, blanchâtre,... boyau par le dedans plombé et palle,... tout le gras du corps détruit,... »

Parmi les affections de l'*appareil respiratoire* sont à mentionner les nombreux traitements usités pour guérir les chevaux poussifs : l'agaric « ayant la vertu de mondifier la poictrine, les poulmons et tous les membres spiritaulx » ; — l'urine humaine, 2 chopines par jour pendant neuf jours ; — le moust de raisin ; — cautérisation en croix des deux flancs ; section avec un fer ardent des naseaux et de l'anus « afin que par le feu ils ne puissent desmener les flancs si gaillardement, et puissent plus facilement respirer par les nazeaux ouverts et pousser hors le vent par le fondement » ; — ou bien « comme font aucuns (pour tromper les acheteurs),... breuvages qui ont vertu de faire que jusqu'à un certain temps déterminé, les chevaux ne battent les flancs plus fort qu'à l'accoustume » (Francini, livre III, chap. 4 et 6).

Nous devons aussi signaler la *trachéotomie* pratiquée dans les cas d'asphyxie menaçante. Francini (livre II, chap. 8) en décrit ainsi le manuel opératoire : « Jeter le cheval à terre, lier les jambes, le mettre sur le dos, museau soulevé, afin que le cartilage et la canne du poumon s'élargisse, on luy couppera la peau sous le gosier par le long de la gorge ; décharner la canne, couper la toile qui la couvre, donner entaille entre le cartilage faite comme un C et laisser la fente ouverte jusqu'à guérison. » Ruini mentionne aussi la pleurésie (livre III, chap. 7).

En parlant des maladies de l'*appareil circulatoire*, Ruini (livre III,

chap. 1) décrit assez bien l'hypertrophie du cœur ; il dit que « la pal-
pitation du cœur est une dilatation et distension non naturelle et trop
grande du cœur ».

A propos des maladies des *organes de la génération*, Ruini signale
l'exanthème coïtal, sous le nom de « *taches du pénis* ». « Elles arrivent,
dit-il, quelquefois aux étalons quand ils montent les juments, a la suite
de la dechirure de la peau du penis, elles deviennent des ulceres, taches
blanches et putrides par contact et par la chaleur de la matrice de la
jument » (livre V, chap. 6). Il mentionne, ainsi que Markham (livre II,
chap. 81), la spermatorrhée, sous le nom de *sfilato o ghe getta da se il
sieme*. Il parle aussi du priapisme ou érection continue de la verge,
qu'on observe sur les chevaux, principalement dans les pays chauds
(livre I, chap. 79).

Massé, dans son *Promptuaire*, attribue l'avortement des juments aux
causes suivantes : attouchement par une femme en état de menstrua-
tion ; dégagement dans l'écurie d'odeur de champignon brûlé ou
d'une lampe éteinte ; approche d'un loup, etc. Et il ajoute : « le maistre
du haras doit empescher que l'asne ne couvre la jument qui a ia este
couvert d'un cheval autrement elle avortera ».

Francini (livre V, chap. 7) indique les moyens de remettre la matrice en
place dans le cas de prolapsus : fomentations de fiente de bœuf, frictions
avec feuilles d'orties fraîches. En cas d'insuccès, enduire les mains
d'huile et pousser la matrice petit à petit pour la remettre en place, et
puis, après réduction, clore « la bouche de la nature » en liant au sommet
de la queue quelques cordelettes, « lesquelles passant sous le ventre et
liees au col de la jument, la tiennent bien fermée et retirée en ses fesses ».
Si on ne réussit pas par ce moyen, abattre la jument sur le dos et réduire
par le taxis. Pour que la matrice ne puisse plus ressortir, il conseille
d'introduire une vessie, « de façon qu'avec un petit pertuis se puisse
enfler » et la lier à l'ouverture du vagin avec trois ligatures.

Massé décrit les enveloppes fœtales sous le nom d'*arrièrefais* ou *secondines*.

Enfin Francini, au livre V, chap. 11, donne quelques notions d'obstétrique.
Essayer de tirer le poulain, les mains enduites d'huile, ou avec un fort
lien de laine. Dans les cas de présentation anormale, remettre en place,
et, si on ne peut y parvenir, couper la partie sortie avec un rasoir. Si le
poulain ne peut sortir, parce qu'il est mort, implanter un crochet de fer
dans le maxillaire inférieur, et le tirer tout doucement dehors après s'être
enduit les mains d'huile.

Les maladies des *membres*, notamment celles de la *région digitée*, sont très longuement traitées, en raison même de leur importance, et aussi parce qu'elles étaient mieux connues.

Dans le cas de *fracture* des os, Markham dit que « le commun des maréchaux anglais ne savent que faire ou sont encore occupez à chercher des remèdes contre ce mal ». Il conseille de mettre le cheval dans un travail, de le soutenir avec un drap passé sous le ventre, de remettre les os en place, d'appliquer un bandage avec attelles, et d'attendre la consolidation de la fracture qui sera complète au bout de quarante jours (livre II, chap. 140).

Francini mentionne un grand nombre d'espèces de crevasses : les *rappes* caractérisées par des fentes de la peau au pli du genou, en forme de rides ou rappes ; les *malandres* qui surviennent au pli de l'articulation fémoro-tibiale ; les *serpentines* qui apparaissent sous forme de fentes ou de plis « à la joincture des pasturons » ; les *fendaces*, crevasses transversales ; les *arrestes ou galles*, « croute dure et calleuse pleine de fentes, qui a forme de creste, et vient par le long du stinc des jambes, en la partie de derrière, sur le tendon ou nerf maistre qui va derriere la jambe et se plante au paturon »; le *hérisson*, « qui vient es couronnes des ongles, en guise de ligne, rogne et fait hérisser le poil » (livre VI, chap. 44 à 49) ; les *queues de rat* ou *petis*, « longues fentes galleuses et sèches qui s'engendrent ca et là sur les jambes de derriere, justement depuis le poil du talon jusqu'à la fléchissure du jarret » (Markham, livre II, chap. 86).

Francini décrit sous le nom de *mazzuole* une tumeur « s'engendrant es jambes au lieu ou se conioinct l'os du stinc avec l'os du grand pasturon » (livre VI, chap. 38) ; et sous celui de *chiapponi* deux tumeurs « à guise de deux moitiés d'œuf avec les pointes en haut, à l'endroit ou nait la forme, à la racine de l'ongle », et ainsi nommées « pour ce que comme crochets et lacs estreignent fort la partie sensible du pied » (livre VI, chap. 40). Peut-être les vessigons?

Markham, au livre II, chap. 76, parle des *campanes*, tumeurs rondes comme une balle qui croissent en haut du jarret. Ruini leur donne le nom de *cappellato* (livre VI, chap. 31), et Francini celui de *capelet* ou *moulet* (livre VI, chap. 31).

Parmi les maladies de la région digitée, nous signalerons : la *surbature*, survenant à la suite du choc répété du sabot contre le sol (Markham, livre II, chap. 92) ; la *formie* ou *caruole*, apparaissant aux talons, entre la corne et les tissus sous-jacents, et rongeant jusqu'à l'os du pied « en ceste forme que se voyent les bois rongés des tarles ou des aragnes » (Francini, livre VI, chap. 65).

A propos de la *forme*, Ruini (livre VI, chap. 39) conseille les pointes de feu pénétrantes, en la perçant dans le centre avec un bouton de feu jusqu'à ce que le sang sorte.

Il préconise l'usage de l'acide nitrique dans la *seime quarte* « jusqu'à ce que le cheval donne signe que l'eau a pénétré dans le vif ». En cas d'insuccès, si le mal est ancien et invétéré, il conseille d'ouvrir avec la rénette, afin de découvrir la racine du mal (livre VI, chap. 54).

Au chapitre 67 du livre VI, il décrit probablement le *crapaud*, mais dans la traduction le nom est oublié : ulcère du pied s'engendrant tantôt au sabot, tantôt à la fourchette, à la suite du séjour prolongé dans les lieux aqueux, fangeux ou sur le fumier : « Fourchettes pourries remplies d'humeurs tant corrompues et gastee, qu'elle outrepasse facilement es autres animaux, qui luy sont auprès par contagion ».

La *fourbure* est désignée par le traducteur de Markham (livre II, chap. 62) sous les noms de *sourmenure* ou *forboiture*, d'où cheval *folbattu, forboitu* ; en anglais *foundring*

Au chapitre 34, il signale le *mal caduc, épilepsie* ou *haut mal*, rare, dit-il, sur les chevaux anglais, mais assez commun sur les chevaux italiens, espagnols et français. Nous voyons pour la première fois dans Markham (livre II, chap. 133) des indications de remèdes pour les blessures causées par la « poudre à canon ». — « Les anciens, dit-il, sont d'avis que premierement on prenne garde avec la sonde si la balle a demeure dans la chair ou non, que si on remarque qu'elle y est restee, qu'alors on la tire dehors avec un instrument propre à ce faire ».

Ruini (livre II, chap. 25) dit qu'à cause de la faiblesse de la vue les chevaux deviennent ombrageux ; il mentionne aussi au livre II, chapitre 38, la surdité chez le cheval.

Le spasme (*spasmo*) décrit par Carlo Ruini (livre II, chap. 20) serait le tic. « Le spasme, dit-il, appelé par les Latins convulsion, est une violente et continuelle contraction et retraction des nerfs et des muscles à leur origine. Quelquefois le spasme comprend toutes les parties du corps, d'autrefois seulement certaines parties. Le spasme général lie et empêche tellement les mouvements du corps que l'animal ne peut plus bouger. Ce spasme est appelé par le vulgaire *tiro mortale*, parce que les muscles et les nerfs se contractent tellement, que la mort peut survenir. Au contraire le *tiro secco* est plutôt un vice qu'une maladie (*il quale è più tosto vitio che male*). »

Parmi les opérations chirurgicales, nous mentionnerons la *castration* par des procédés divers. Liébault dit que, pour le cheval, il vaut mieux « leur tordre et amortir les génitoires avec les tenailles à la manière des taureaux ». Markham conseille la castration à testicule découvert, dont voici le mode opératoire : « Inciser la peau, avec de petites tenailles d'acier, de boüis ou de bresil bien polies, presser les vaisseaux qui s'insèrent dans le testicule ; ensuite couper avec au fer rouge. Appliquer ensuite emplâtre de résine, terebenthine et cire fondues ensemble sur le bout des vaisseaux (pour arrêter l'hémorragie) et ligaments suspensoirs des testicules, puis border de fer chaud lesd. vaisseaux et puy fondre de l'emplastre dessus... et remplir les deux incisions des testicules de sel blanc ».

Markham (livre II, chap. 155 et 156) préconise deux sortes de *cautérisations* ; l'une « potentiel qui est fait par l'application de remèdes, dont la nature est ou corrosive, putréfactive ou caustique » ; l'autre, par l'application d'un fer chaud.

Quant aux instruments, ajoute-t-il, « le **sentiment** de plus curieux mareschaux est qu'ils doivent estre faits d'or et d'argent qui sont les meilleurs métaux et les plus propres pour cet effet,... les autres croient que le cuivre est suffisant,... néantmoins là où les instruments de cuivre ne seront pas grandement estimez, on peut se servir d'instruments de fer. — Les uns doivent être en forme de couteau avec un bord large, espais et un mince, ils s'appellent cousteaux à tirer ou à faire les lignes... Les autres sont faits en poinçons droits,... d'autres en poinçons courbes, dont on se sert pour les excroissances de chair ou pour les ouvertures... D'autres sont faits en crochets en faucilles et faux, en usage quand la blessure est faite en ligne courbe pour brûler la chair morte. D'autres sont faits en gros boutons ou petits boutons pour ouvrir les apostumes ».

Ruini, au chapitre 32 du livre VI, indique la façon de procéder : « **On** donne le feu aux jarrets au travers de la tumeur (il parle du vessigon) de manière a faire des raies, selon que va le poil. Les fers à cautériser, rougis au feu, ont le tranchant fin comme le dos d'un petit couteau ; il faut que ces raies ou impressions faites par le feu sur la peau deviennent blanches et passent au jaune, parce que, quand le tranchant est fin et tiré selon que va le poil, ces raies sont plus fines et mieux recouvertes par le poil qu'il pousse sur les côtés de la brûlure ». Dans un second passage, dit Prangé (1), se trouve parfaitement exprimée l'idée de la méthode de Nanzio. Il dit, en effet (livre VI, chap. 35), « afin qu'il ne reste pas de marques difformes sur le cuir brûlé par le feu, on ouvre le cuir avec la lancette, on sépare l'un et l'autre côté avec un tube de fer ou de canne, puis dans le tube on donne le feu avec un fer droit ».

----

(1) PRANGÉ, Quelques réflexions sur les études bibliographiques de M. Delorme à propos de Solleysel (*Recueil*, 1855, p. 445).

Ruini conseille aussi l'emploi d'une couenne de lard très chaude jusqu'à ce que la partie sur laquelle on la pose devienne blanche (en application sur les suros).

Markham (livre II, chap. 80 et 158) combat l'emploi abusif du *séton* ou *ortis*. « Il n'y a point de remede pour les chevaux, dit Markham, qui soit plus frequemment pratique des ignorans et simples Mareschaux, que le seton ; de sorte qu'on ne peut s'imaginer aucune maladie qui arrive au cheval, soit grande ou petite, qu'incontinent sans aucune raison ny jugement, ils n'employent le seton, ainsi ils exposent le cheval a une torture inutile et de plus attirent en bas quelquefois par ce moyen plusieurs mauvaises humeurs qui estropient le cheval, lequel autrement demeurerait en parfaite santé : mais je n'ay pas dessein presentement de combattre leur ignorance. Je diray du seton seulement que c'est un remede aussi necessaire et aussi recommandable pour la santé du cheval qu'il y en ait · pourveu qu'il soit employe en temp et lieu ». Il indique ensuite le *modus faciendi*. Inciser la peau de manière à pouvoir y introduire une plume de cygne ; la séparer des muscles sous-jacents, en insufflant dans l'ouverture de l'air au moyen de la plume de cygne et en battant la région avec une petite baguette de noisetier. Prendre ensuite un cordon de crin de cheval entortillé, ou mieux du taffetas rouge, fort mince, gros comme la moitié du petit doigt, et long « d'un pied ou 16 doigts » et le pousser dans le trou au moyen de l' « aiguille à seton ».

Au chapitre 160 du livre II, Markham décrit la manière de *couper la queue*, qu'il recommande de sectionner entre la quatrième et la cinquième vertèbre coccygienne, en frappant avec un gros marteau de maréchal sur un couteau, la queue étant préalablement posée sur un billot de bois. « Le retranchement de la queue, dit-il, n'est pas une chose qui se pratique tant parmy les autres nations, qu'en Angleterre et en Irlande, à cause des pesans fardeaux que nos chevaux portent continuellement et d'autant plus que nous sommes fort persuadez que ce retranchement rend l'espine du dos plus forte et plus capable de porter fardeaux. »

Le Dr Verheyen, dans son travail historique sur l'origine des *sections musculaires et tendineuses* ; Prudhomme, dans un article sur la névrotomie (*Recueil de méd. vét. pratique*, t. II, série 3), prétendent que cette opération chirurgicale (section des tendons) aurait été indiquée pour la première fois par Ruini, dans le chapitre des plaies transversales des tendons. Mais Ercolani soutient que Rusius en aurait fait mention bien avant.

A propos de la *saignée*, Markham (livre II, chap. 144) conseille de *lever*

la veine, plutôt que de la frapper avec la « flammette », afin d'éviter de
la percer d'outre en outre ou de léser un nerf. « Toutes les veines, dit-il,
excepté celles du col, des yeux, de la poitrine, du palais et celle de l'esperon, doivent être levées ».

Abattre le cheval, et, si la veine est profonde, difficile à apercevoir,
fomenter la région avec de l'eau chaude et la serrer avec une « jarretière
etroite de soye » de façon que les vaisseaux deviennent plus apparents.
Marquer sa place sur la peau, écarter la veine un peu de côté avec un
doigt et le pouce, puis inciser à la place indiquée. Cela fait, on fait passer
sous la veine une « corne bien polie lisse fait de la peau de cerf ou de
bouc » et on la soulève un peu, après avoir détaché la jarretière. On fait
ensuite sur la veine une incision de la longueur d'un grain d'orge, puis
on laisse le sang s'écouler, après avoir pris soin de serrer la partie inférieure du vaisseau au moyen d'un fil de soie...

Dans certaines affections on recommandait de faire une *estoile*, au
front de préférence. Voici comment on procédait. Raser les poils, frotter
avec de la poudre de tuile ou une ardoise chauffée au rouge, jusqu'à ce
que la peau soit excoriée ; appliquer des oignons de lis, de la racine de
marguerite, de rose sauvage ; laver ensuite, pendant trois jours, avec une
décoction de feuilles de chèvrefeuille, de miel, de taupe bouillie. Les
poils deviendront blancs dans cette région. Quelques-uns, pour obtenir
cette étoile blanche, appliquent sur la peau une écrevisse brûlante.
D'autres enfin, avec un poinçon fait exprès, détachent la peau du front
de l'os, et y introduisent quatre morceaux de plomb de manière à former une étoile (Markham, livre II, chap. 161).

Au chapitre 169 est indiqué le moyen de *rajeunir* un cheval âgé en
modifiant l'état de la table dentaire. Prendre un petit fer recourbé, de
la longueur d'un grain de blé, le faire rougir au feu, et l'appliquer sur
les dents du maxillaire inférieur, de façon à creuser celles qui sont voisines
des canines. Puis, avec un « instrument propre à creuser les dents », mo-
difier la table dentaire. Pour cacher les salières, percer un trou dans la
peau au-dessus des yeux et y insuffler de l'air.

Enfin, pour terminer ce court aperçu sur l'état de la pathologie équine
au xvie siècle, nous appellerons l'attention sur un procédé simple indiqué
par Markham pour abattre le cheval (livre II, chap. 167). « Prendrez
une longue corde, la mettrez en double, et ferez un nœud a une aulne
proche du col, et la mettrez a l'entour, puis vous la mettrez a l'entour des
quatre pieds, et a l'entour des pasturons de derriere sous le poil de la
fourchette ; puis vous mettrez les bouts de la corde proche le col, et
tirerez promptement. »

B. — *Pathologie bovine.*

Pour les maladies des bovidés, on peut consulter les ouvrages sui-vants : CARACCIOLO, *La gloria del cavallo*, 10ᵉ livre ; CITO, *Maladies du cheval et des bovidés* ; FALCONE, *Formulaire thérapeutique* ; les traités d'agriculture de FERRARO père, de GALLO (11ᵉ journée), de CHARLES ESTIENNE et LIÉBAULT (livre I, chap. 22 et 23), d'OLIVIER DE SERRES (t. II, chap. 6). Mais ce ne sont pour la plupart que des formulaires, où les maladies sont à peine ébauchées. Parmi celles qui nous paraissent présenter le plus d'intérêt, nous signalerons la *polmonaria*, probable-ment la péripneumonie, dont parlent pour la première fois Cito, Gallo, Liébault (Voy. *Maladies contagieuses*) ; le *météorisme* ; l'*encueur, maillet* ou *marteau*, qu'il nous est impossible de déterminer ; les *fractures* de la jambe, etc. Liébault mentionne le *mal de reins*, « quand il se feint du train de derrière et ne peut avancer les pieds de cette partie a son aise ; chancelle des flancs, ne retrousse plus la queue, la laisse traîner. Son urine sent mauvais, quelquefois elle est rouge. Si cela dure long-temps, il n'y a plus de remède. Si elle n'est qu'un peu teintée de sang, il y a espoir. Saigner aux veines du train de derrière à la veine dite « matrice » qui se trouve le long du flanc approchant les reins ». D'après Gourdon (*Chirurgie*, t. I, ch. XXXVI), l'urétrotomie, pour l'extraction des calculs de l'urètre du bœuf, aurait été décrite pour la première fois par Lié-bault. Olivier de Serres aurait également mentionné le premier la cas-tration de la vache, de la brebis et de la chienne (t. II, chap. 16). — (GOURDON, *Traité de la castration des animaux domestiques*. Paris, Asselin, 1860.)

C. — *Pathologie ovine et caprine.*

Les affections du mouton et de la chèvre se trouvent décrites dans les traités d'agriculture de Gallo (12ᵉ journée), de Liébault (livre I, chap. 24 et 25), d'Olivier de Serres (t. II, chap. 6). Parmi les maladies signalées par ces agronomes, nous mentionnerons les suivantes : la *peste* ; le *feu Saint Antoine*, que les bergers appellent *feu volant*, sans remède aucun ; la *morve (sic)*, qui attaque les poumons des moutons, et est si contagieuse qu'il faut abattre aussitôt les animaux dès qu'ils en sont atteints ; la *rogne* ou gale ; la *poacre* ou *noir-museau* ; l'*avertin* ou *tournis*, dû « à l'ardeur du soleil, principalement à celui de Mars, qui offense tellement le cerveau des moutons et des brebis, que tout estourdis, ne font que tournoyer sans vouloir manger » ; et enfin l'*yrengue* (araignée), dont avait déjà parlé Jehan de Brie.

Au sujet de cette dernière affection, je suis heureux de reproduire ici une lettre que mon collègue et ami Lucet a bien voulu m'écrire, le 8 mars 1900, peu après l'impression de l'*Histoire de la médecine vétérinaire au moyen âge*, pour m'avertir que j'avais fait fausse route en supposant que l'*yrengne* de Jehan de Brie était la mammite gangreneuse des brebis.

« Dans ma région (Loiret), les cultivateurs désignent sous le nom d'*araignée*, non seulement la mammite gangreneuse, qu'on appelle plutôt un charbon, mais encore et surtout un engorgement de mauvaise nature survenant brusquement dans la région intermaxillaire, chaud, pâteux, douloureux, à marche rapide, parfois sans gravité, revêtant au contraire, dans d'autres circonstances, des caractères graves, s'étendant alors rapidement, se violaçant et devenant gangreneux. Cet engorgement semble avoir pour origine des blessures de la muqueuse buccale par des aliments herbacés durs et malpropres. Il n'est donc que le signe d'une inoculation accidentelle de la cavité buccale, et dont la gravité varie suivant le germe inoculé. Cette affection, bien spéciale, est particulière aux moutons et aux animaux de l'espèce bovine. Je dis moutons et non brebis. Elle tient les animaux en la tête.

« Le traitement consiste, soit en frictions irritantes substitutives, soit en incisions profondes ou en mouchetures pour donner écoulement à la sérosité formée.

« C'est bien la maladie de Jehan de Brie. Quant à la mammite qu'on désigne parfois sous le même nom d'*araignée*, cette expression ne lui a été appliquée sûrement que par extension, en raison des caractères qu'elle revêt : engorgement rapide et de mauvaise allure. Somme toute, l'*araignée* est bien une maladie de la tête, pour laquelle l'ancien traitement de Jehan de Brie (incisions) est très en honneur parmi les paysans ».

D. — *Pathologie porcine.*

Liébault (livre I, chap. 23) mentionne chez le porc une maladie, la *lèpre*, qui doit être la ladrerie, puisqu'il parle du langueyage et des « petites pustules sous la langue ».

Olivier de Serres conseille la castration des mâles et des femelles dès les premiers mois. « C'est par incision, en leur ostant les génitoires aux masles, et en taillant les femelles en façon et endroit dont infertile est rendue la matrice, qu'on appelle *souër* ou *saner* » (t. II, chap. 15).

E. — *Pathologie canine.*

Divers écrivains du XVIe siècle se sont occupés de la pathologie canine ; en Espagne, Perez ; en Italie, Biondo, Gallo, Giorgio, Ferraro, Fracastoro ; en France, d'Arcussia, du Fouilloux, et le poète champenois Passerat, dans le poème intitulé *le Chien courant* que nous publions ici presque *in extenso*, ne laissant de côté que les passages ne se rapportant ni à l'élevage, ni à la pathologie du chien.

Le Chien courant.

Si tost qu'auras choisi les petits chiens,
Ayes le soin de ceux que tu retiens.
A demy mois il faut qu'on les esucre ;
Il faut encor auant la Lune entiere
Rongner la queuë, et le nerf en tirer,
Qui ne leur sert qu'a la rage attirer.

. . . .
Ce n'est pas tout, il faut qu'on s'estudie
A les guerir de mainte maladie :
Car comme nous, les Chiens grands et petis
Dès leur naissance y sont assujetis.
Je n'escriray sinon de quelques vnes,
Ne m'amusant aux receptes communes.
Si vous cherchez remedes pour les yeux
Rouges, enflez, pleurans et chassieux :
La rose seiche est bonne à cest vsage ;
Fueilles de murte, et de vigne sauuage,
D'eau et de vin, où le tout sera cuit,
Vous lauerez cest humeur qui leur cuit.
Il faut encor qu'en leurs yeux on distile
Le blanc d'vn œuf, et la liqueur de l'huile.
Frotte les Chiens, qui deuiennent pelez
D'huile de noix et miel entremeslez.
Durant l'Esté les mousches impudentes
Viennent piquer leurs oreilles pendantes :
Craignant cecy, auant le coup tu dois
Faire piler des eschales de noix,
Et que du jus leurs oreilles soyent teintes,
Garde n'auront de semblables atteintes.
  Si quelque Chien, ainsi qu'on voit souuent,
Quelque sang-sue aualoit en beuuant,
Le parfumant de punaise brulee,
Tomber feras la sang-sue aualee.
Le miel aussi auec huile battu,
Et la ptisane ont la mesme vertu.
  S'il est galeux, ie conseille qu'on cueille
En sa verdeur du Lentisque la fueille,
Le faisant cuire auec graisse de bœuf
En beurre frais, dedans un pot tout neuf,
Ou cuise aussi poix resine et ceruse :
De cest vnguent contre la galle on vse.
  S'il s'est rompu quelque veine en courant,
Voicy comment tu l'iras secourant :
Mettre tu dois sur la playe ensaignee
Cendres de rats, et toiles d'araignee.
Ou si cela ne profite, il te faut
Toucher la veine auecques vn fer chaud.

Si d'vn serpent la dent enuenimee
En quelque endroit a sa chair entamee,
Laisse-le faire, il s'en ira querir
Parmy les champs herbe pour se guerir.
Aussy luy est-ce vne recepte seure
Que sa saliue encontre sa blesseure.
Tant qu'il pourra sa langue en approcher,
Il n'est besoin à l'homme d'y toucher.
　Si une fleure en ses veines enclose
Le Chien tourmente, et que point ne repose
Auec vn fer tire du sang pourry
De son palais, pour le rendre guery.
Autre remede au precedant assemble,
D'huile rosat et vin bouillis ensemble :
Trois fois le iour aualer tu feras
De ce breuuage au chien que penseras.
Si on cognoist qu'il ne pisse qu'à peine,
Mal qui souuent chaleur de reins ameine,
En laict de cheure on trempera du pain,
Pour luy donner alors qu'il aura faim.
Mais s'il pissoit du sang au lieu d'vrine,
Vser faudroit de ceste medecine :
Poiure battu et lentille meslant
Parmy du laict, dedans vn pot bouillant.
Huile d'olive, et jus de coriandre,
Le garderont de plus de sang espandre.
　S'il se dessole, et l'ongle est arraché,
De ta salive, et de cumin masche,
Frotter souuent sa patte il te souuienne,
A celle fin que l'ongle luy reuienne.
　Aucunefois les Chiens s'entremordans
Blessent l'vn l'autre aspres a coups de dens ;
Huile d'olive adonc il vous faut prendre
Et os de cerf par feu reduits en cendre.
De cest vnguent deux ou trois fois gressez
.L'endroit du corps, où ils seront blessez :
A cela mesme estre bon on estime
Le menu fer que fait tomber la lime.
　Si la morsure est d'vn chien enragé,
Dedans la mer par neuf fois soit plongé :
Ou pour garder que ce poison ne rempe,
Rue ou resine en vinaigre destrempe.
　Cruel destin qui as a tant de maux
Assujetti ces pauvres animaux !
N'estoit-ce assez? falloit-il dauantage
Les tourmenter de ce qu'on nomme Rage?
Mal que iadis apporta, ce dit-on,
Du fonds d'Enfer le Chien noir de Pluton,
Lors que traine par Hercule en arriere
D'vn œil despit il veit nostre lumiere.
On iugera par des signes certains,
Si de ce mal les Chiens seront attaints.
Piteux effets incontinent le monstrent :
Ils courent sus à tout ce qu'ils rencontrent :
Ils ont les yeux effarez et ardans.

Noire lon voit leur gueule par dedans,
Dont toutesfois il ne sort point d'escume :
Et vont heurlant plus fort que de coustume
Voyans de l'eau, ils en ont telle horreur,
Qu'elle redouble et aigrit leur fureur.
Ils ont perdu memoire et cognoissance :
Tant la douleur a sur eux de puissance.
Le doux repos, et sommeil gracieux
Ne vient iamais couler dedans leurs yeux.
Plus de trois iours dure ceste tempeste,
Que bois ny roc, mont ny plaine n'arreste.
A la parfin on les voit trebuchans
Mordre la terre, et mourir par les champs.
   Le Chien saisi d'vne telle manie,
Soit retire de toute compaignie,
Et enchaisne : puis dedans vn mortier
Piler conuient racines d'esglantier,
Les arrousant d'eau puisee en la source
D'une fontaine, eslancee a la course.
Cela luy sert : et ne se treuve rien
Qui soit meilleur pour la rage du Chien
Que de passer par quelque toile noire
Ceste liqueur, et la luy faire boire.
Autre moyen, ce sera de cueillir
Force lierre, et le faire bouillir
Iusques a tant que la flamme allumee
Aura de l'eau la moitié consumee,
Ou les deux tiers : maint chien s'est bien trouué
D'en desieuner auant le soleil leué.
Et l'hellebore, et le laict de la mere
D'vn enfant masle, est chose singuliere
Contre ce mal : aussi les anciens
Vsoyent de charme, et vers magiciens :
Ou ils dressoyent des soupes et potages
Faits de vieux oingts et de figues sauuage
   N'attendons point ; dès le commencement
Ensemble ostons la cause et le tourment.
Dans leur palais, où la langue s'attache
Près du gosier il y a vne tache
Iaune comme or : il y conuient chercher
Vn petit ver, et soudain l'arracher
Bien tost apres on verra la furie
Perdre sa force, et la beste guerie.
Mais si cela a desia pris son cours
La seule mort en sera le secours.
   En la saison que la Chienne celeste
Va bruslant tout, plus regne ceste peste
Prenons y garde : il en faut soin auoir
Si on en veut du plaisir receuoir.

Le premier livre des poèmes de Iean Passerat
(Le Chien courant), Paris. Veufue Mamert
Patisson, 1602. (Bibl. nat., yc, 8437.)

Le poème de Fracastor ne contient que des formules bizarres applicables dans les diverses maladies des chiens de chasse, telles que : la fièvre ; la fatigue ; les clous au palais ; le pissement de sang ; la chute d'un ongle à la suite d'excès de fatigue ; les morsures de chiens, de serpents ; les piqûres d'insectes ; la gale ; la rage, qu'il traite par l'ablation d'un prétendu ver situé sous la langue.

Du Fouilloux décrit très bien l'éventration et les moyens d'y remédier. « Remettre les trippes tout doucement dans le ventre, en la maniere que fait un châtreux quand il sene (castration) les chiennes... Mettre une laische ou plataine de lard en dedans du ventre,... coudre la peau par-dessus.... L'aiguille doit être arree vers la pointe et ronde depuis le milieu iusques au chas ou pertuis... Telles sortes d'aiguilles se nomment carrelets, desquelles les barbiers usent ». Liébault dit de même au viie livre, chap. 22. (Voy. Cagny : Éventration du chien. Extrait du Traité de vénerie. Chronique Bouley. *Recueil*, 1878, p. 641, 843.)

F. — *Pathologie aviaire.*

Consulter les traités suivants : en Espagne : Cuniça ; — en Italie : Aldrovandi, Carcano, Ferraro, Gallo, Giorgio, Mancini ; — en France : d'Arcussia, Liébault, Olivier de Serres. Mais la plupart de ces ouvrages, qui s'occupent de l'élevage et des soins à donner en santé et en maladie aux oiseaux destinés à la chasse, ne sont que des formulaires, où les traitements seuls sont indiqués, sans aucune description de symptômes. Liébault (livre I, chap. 15-16; livre VII, chap. 66) s'occupe plutôt des oiseaux de basse-cour ; mais au livre VII, chap. 58 à 69, il indique quels sont les traitements applicables aux oiseaux de volière, tels que : rossignols, linottes, chardonnerets, verdiers, pinsons, serins, mésanges, cochevis, calandres, tarins, merles, grives, etc.

D'Arcussia signale entre autres les affections suivantes :

Le *haut mal*, que l'on diagnostique facilement en brûlant « de la couleur de bitume appelle naphte », car, dès que l'oiseau sent l'odeur dégagée par cette combustion, il tombe du haut mal ;

L'*ongle* sur l'œil qu'on tâche de saisir avec une plume de pigeon épointée pour en pratiquer l'excision. Il faut quatre personnes pour faire cette opération ; la première tient l'oiseau sur le poing, la deuxième l'abat, la troisième tâche de saisir l'ongle avec la plume, et la quatrième le coupe ;

Le *chancre* aux oreilles, qu'on nettoie avec une plume ;

Le *chancre au bec* qu'on observe encore au gosier, voire même « au canal du poulmon » ;

Le *mal des nazeaux bouché par le rheume* :

« Ne pas chercher à ouvrir les naseaux avec le feu, car on rend l'oiseau difforme et laid et en pensant l'ouvrir on bouche davantage, l'escare du feu fermant les conduits. Ayez un valet qui le suce avec la bouche. »

Les *barbillons*, caractérisés par la présence « autour de la langue de petites glandes comme lentilles » ;

La *pépie*, la *podagre* ou *chiragre*, la *teigne*, l'*asthme*

Le *mal subtil ou phtize* qui détermine un amaigrissement rapide et la mort ;

La *croye ou gravelle* qui produit dans l'intestin « des pierres de la grosseur d'un pois et de matiere semblable à de la chaux » ;

Les *filandres*, vers intestinaux ; les *sangsues*, qui peuvent pénétrer dans les narines quand l'oiseau prend son bain.

Comme opérations chirurgicales, d'Arcussia décrit le procédé opératoire du barrement de la veine. « Plumer la cuisse en dedans, sur le genouil ou plat de la cuisse il y a une veine, lier la cuisse avec esguillete, pour faire enfler la veine. Fendre la peau avec un canivet tranchant ; puis avec un ongle d'oiseau ou fer exprès accrocher la veine en dessous, la séparer de la chair. Passer ensuite une aiguille en dessous et la lier serrée à trois nœuds ; faire deux ligatures séparées et couper la veine au milieu. »

Pour les fractures des ailes ou des cuisses, il conseille de les réduire et d'enfermer la partie brisée entre deux éclisses d'écorce de pin.

Page 292, d'Arcussia donne la liste des instruments nécessaires pour soigner les oiseaux ;

A. Pincettes ovales coupantes pour couper crochet du bec ;

B. Pincettes plates pour couper les pennes quand on veut les enter en tuyau ;

C. Pincettes étroites de la largeur du dos d'un couteau pour couper la coste de la penne quand on veut enter l'oiseau à l'aiguille ;

D. Couteau pour fendre à l'oiseau la molette ;

E. Crochets pour tirer par pièces la pelotte de la molette ;

F. Lancette pour ouvrir la cuisse quand on veut lui barrer la veine ;

G. Lancette pour la saignée sous la langue. Aiguilles pour accrocher la veine ;

H. Petit fer en forme de cure oreille pour nettoyer le dedans du bec et nazeaux ;

I. Canif pour tirer barbillons ;

K. Fer en forme de cure oreille pour tirer une glande et nettoyer chancre ;

L. Cizeaux pour couper veine après l'avoir liée, couper ongle de l'œil;

M. Poinçon pour oster pepie de la langue ;

N. Cousteau pour oster la formy du bec.

O. Un des outils les plus importants : canon d'argent rond, long d'un empan 1/2, assez gros pour qu'un fil d'archal y puisse entrer aisement, comme fait la baguette d'un pistolet ; au bout de ce fil d'archal il doit y avoir pincettes, lesquelles s'ouvrent en les poussant et se forment en retirant le tuyau d'argent. Bon pour tirer pelotte de la molette. Il faut en avoir deux, un plus grand que l'autre suivant grandeur de l'oiseau. On nomme cet oustil desempeloteur ;

P. Quatre petits canons en forme longue et ronde pour y tenir les aiguilles de grandeur différent pour enter le pennage ;

Q. Deux autres petits canons pour tenir l'aiguille de deux grandeurs propres à ciller les oiseaux ou passer fil sous la veine ;

R. Poinçons et pincettes ;

S. Instrument pour cauteres. Couteau pour ouvrir une glande chancreuse par le feu ;

T. Bouton pour donner le feu dans le palais ; il pourra servir de poinçon par l'autre bout pour percer une enfleure pleine d'humeur en l'œil ;

V. Chapelet pour donner le feu au sommet de la tête avec deux formes de grandeur différent. Il doit estre fait en rond, de la largeur d'un demy escu d'or, creux à proportion de la rondeur du sommet de la tête. Ce fer est appelé chapelet.

Suivent les « figures de l'estuy des instrumens servant à penser l'oiseau ». Cette planche ne se trouve pas dans l'édition d'Arcussia de la bibliothèque d'Alfort.

IV

Anatomie.

Le xvie siècle est l'ère de l'anatomie, aussi bien en médecine humaine qu'en médecine vétérinaire. C'est de cette époque que datent les études anatomiques de quelque valeur, à peine ébauchées dans les siècles précédents. En médecine humaine, des amphithéâtres anatomiques sont organisés, des chaires instituées, et nous voyons Sylvius Dubois faire à Paris, pendant quarante ans, des démonstrations d'anatomie et substituer, dit Sprengal, les cadavres humains à ceux des cochons. Parmi les plus célèbres anatomistes de cette époque, nous devons signaler plusieurs médecins, dont les noms nous sont encore bien connus : Columbus qui disséqua des chiens au lieu de cochons usités jusqu'alors (Sprengel), Eustache, Arentius, Varole, Ingrassias, Fabrice d'Acquapendente, Fallope et surtout Vésale, le plus célèbre de tous, qui publia, en 1543, un grand traité avec planches : *De corporis humani fabrica*, dans lequel il s'élève contre l'Anatomie de Galien, qui ne disséqua que des animaux.

En vétérinaire, les études anatomiques ne font réellement que commencer. Exception faite toutefois pour les remarquables planches du célèbre peintre Léonard de Vinci (1452-1519), relatives à l'anatomie du cheval, et dont la publication est toute récente :

« Notes et croquis sur l'anatomie du cheval, par Léonard de Vinci. Feuillets inédits reproduits d'après les originaux conservés à la bibliothèque du château de Windsor. Publication honorée de la souscription du ministère de l'Instruction publique et des Beaux-Arts. Paris. Édouard Rouveyre, 1901 (2 parties en 2 vol. in-fol. ; le premier contient une préface du colonel Duhousset et 31 pl., le deuxième comprend 60 pl.). » Ces deux volumes forment le numéro 15 de la publication des *Croquis et notes* de Léonard de Vinci, faite par l'éditeur E. Rouveyre.

En 1560, l'Italien J.-B. Ferraro donne quelques notions rudimentaires sur l'anatomie des os, des vaisseaux, que représentent deux gravures informes : un squelette et un cheval ouvert pour montrer les viscères (troisième livre de son *Traité d'agriculture*).

En 1582, l'Espagnol Calvo, dans son *Libro de albeyteria*, mentionne quelques indications tout à fait sommaires sur l'anatomie et la physiologie.

En 1591, l'Italien Scacco, dans le quatrième livre de son *Traité vétérinaire*, consacre quelques lignes à l'anatomie des os, des nerfs et des vaisseaux du cheval.

Il en est de même de l'Anglais Markham qui, en 1596, dans le *Nouveau et scavant Mareschal*, traduction française de de Foubert, s'occupa succinctement d'anatomie. Des planches hors texte, informes, représentent les os, les vaisseaux et les nerfs.

Enfin, presque en même temps parurent deux œuvres remarquables pour l'époque : le volumineux *Traité d'anatomie* de l'Italien Ruini (1598) et l'*Hippostologie* du médecin français Héroard (1599).

Jean Héroard se proposait de passer en revue toute l'anatomie du cheval ; malheureusement il ne put donner suite à son projet, et ne publia qu'un traité d'ostéologie que nous allons essayer d'analyser.

Il divise le corps du cheval en quatre parties : la teste, l'eschine, le coffre, les extrémitez.

I. — *La teste.*

La teste est composée de deux parties principales :

A. Le test.

B. Les deux maschoires et la fourchette du gosier.

A. Le *test* est ce que nous nommons le crâne, « ceste grande cavité servant de domicile et de couvercle au cerveau, que les Grecs ont nommé κρανίον, c'est-à-dire *armet* ». Cette partie est composée de plusieurs os « conioincts les uns avec les autres par des coustures ». Ce sont :

1° Le *front*, notre frontal, « ceste estendue du test qui est entre les deux yeux, un peu enfoncee sur le milieu, où le poil se grédille en rond ». Il est fait de deux pièces « fendu en deux par la cousture droicte, qui trenche tout le long du dessous de la teste, depuis la nucque iusques au bout des narines... »

A chacune de ces pièces ou parties pousse le long de ses « costez une longue advance (apophyse), sur laquelle sied le sourcil et compose une partie du creux de l'œil (arcade orbitaire) ».

Héroard décrit assez bien les rapports du front avec les parties avoisinantes : en haut le sommet (pariétal); en bas, « par une autre cousture qui va d'un œil à l'autre en forme d'un arc turquois,... nommée *arcuale*, laquelle en son milieu fait une petite poincte, ressemblant à celle d'une flèche ».

2° Le *sommet* (pariétal), divisé en deux parties par la « cousture droicte » déjà décrite au frontal. Héroard dit que le pariétal est séparé vers le bas et du côté des « *os templiers* (les temporaux) par une cousture et conionction escailleuse, ainsi dicte pour estre faicte en forme d'escaille ». C'est probablement la portion écailleuse du temporal. En haut, il est séparé de la « nucque » (occipital) par une cousture dite « *chevronnière*, pour autant qu'elle est faicte comme un chevron rompu ».

3° Les *templiers* (les temporaux) dont chacun donne naissance à « une longue advance, laquelle ioincte avecques celle qui sort du front, et l'autre qui vient de l'os du petit coin de l'œil, parfait l'os iougal, qui se pourra nommer l'anse du test ». Il est probable qu'il est ici question de l'apophyse zygomatique. Héroard dit que le temporal est réuni au *sommet* par une « *cousture écailleuse* » qui prend naissance à la « *cousture chevronnière* », court le long de la *creste*, passe sous l'*anse* « et va se rendre au fond de la boëtte de l'œil, auprès du trou par où passe le nerf visif ».

A l'os temporal, il rattache l'oreille, dont il fait un os à part et qu'il divise en :

1. Le *tuyau* (conduit auditif externe) parce qu'il ressemble à un tuyau de plume destiné à porter le son.

2. Le *creux*, auquel le tuyau aboutit, ainsi nommé « à cause des destours caverneux et spongieux qu'il a presque par toute sa cavité... ; entre ces inégalitez, il en jette une plus apparente que les autres, semblable à la poincte d'une espine de ronce ».

3. Le *pierreux* (section pétrée), ainsi désigné à cause de sa dureté.

Dans l'intérieur de ces deux dernières cavités, il mentionne trois osselets « principaux instrumens de l'ouïe » qu'il désigne sous les noms d'*enclume*, de *marteau* et d'*estrier*, ce dernier « suspendu dedans une petite cavité à côté d'une caverne faite en façon de vis (limaçon), percé de trous fermez par une peau fort déliée qui est tendue au devant, tabourin (tympan) ».

4. *Os de la nuque* (occipital). Héroard compare au « muffle d'un bœuf les deux aboutissures rondes (condyles) qui bornent le trou (trou occipital) par où sort la moelle ». Il signale dans l'occipital deux trous (fossette condylienne, trou condylien) ; deux saillies ou « *advances* » (apophyses styloïdes), et il ajoute : « entre ces saillies et le bout de l'os templier de chasque côté y a un os de substance spongieuse, qui en fait là une séparation au dessus du trou susdict, que je nommeray pour ceste occasion les *esponges templieres* ». Il donne le nom de *tupet* à une « advance qui ressemble au groin d'un pourceau » (protubérance occipitale externe).

Le sphénoïde ou os divers est ainsi appelé « pour la ressemblance qu'a une portion d'iceluy avec un coin ou cheville ». Il est situé « *dessous le test* », comme base du cerveau et s'étend vers les *templiers* « comme deux ailes de chauve-souris... ; au milieu, il est rond et long en poincte, semblable à un coin ou cheville ».

B. *Les deux maschoires.*

La *maschoire haute* (face) est « cette partie pyramidale de la teste, laquelle se présente depuis le bas du front iusques au bout du muffle ». Sa description, par trop succincte, en rend la compréhension parfois difficile. Héroard lui reconnaît douze os, six de chaque côté.

1º L'os *maschelier* (maxillaire supérieur) sur lequel s'insèrent les grosses dents ; os « pointu en avant comme un soc, large et quarre vers la boëtte de l'œil ».

2º L'os *du petit coin de l'œil* (os zygomatique). « En cest endroict s'en ioinct un autre, qui jette une longue advance en hault contre celle du templier, et ce faisant il façonne une grande partie de la boëtte de l'œil ».

3° L'*os du grand coin de l'œil* (lacrymal), séparé du front par la *cousture arcuale*. « Il parfait le tour de la boëtte de l'œil et fait le grand coin d'iceluy ».

4° L'*os des narines* (sus-nasal). Ces deux os sont situés sur le milieu de la face, séparés par des coustures. Réunis, ils donnent en haut l'aspect d'un cœur et en bas celle « d'une pinne marine ouverte, qui est une espèce de grande coquille de mer ou un bec d'aigle, d'où le nom de *pinna* donné par les Latins », nom qu'Héroard donne aux sutures, « la *cousture pinnale* », qui séparent cet os du frontal et du lacrymal.

5° Héroard ne donne pas de nom spécial à l'os intermaxillaire ou petit sus-maxillaire ; mais il dit qu'entre le bec de l'os ci-dessus et la pointe du maxillaire supérieur on trouve, de chaque côté, un os qui, « descendans en avant, font comme un col et de là remontans par dedans vers le palais iettent deux saillies plates et deliées » qui forment la voûte du palais.

Héroard semble n'avoir étudié la tête qu'extérieurement, car il ne mentionne pas les palatins, les ptérygoïdiens, les cornets, le vomer, l'ethmoïde.

Sous le nom de *maschoire basse*, Héroard décrit assez bien le maxillaire inférieur, et son articulation avec le supérieur « par deux anses ». Cette mâchoire repose « dans une hoche qui est au hault du derriere. Ceste hoche est ainsi façonnée par deux saillies différentes ; l'une estant courte et ronde par dessus, et poinctue par les costez : et l'autre plus longue, plate et faicte à la façon de la poincte d'un espee rabatue ».

Il mentionne les dents au nombre de 40, aux deux mâchoires. Ce sont les six incisives qu'il nomme *trenchantes* ; les deux *crochets*, « les 4 qui sont seules des deux costez, en hault et en bas au droict du col des maschoires et au bout poinctu de l'os maschelier » ; les 12 molaires dites « *maschelieres ou molaires* pour ce que ce sont celles icy qui maschent et meulent la viande avant qu'elle s'avale ». Il reconnaît que leur table extérieure est inégale et raboteuse « tout ainsi qu'aux meules de moulin à bled ».

La *fourchette du gosier* est l'os hyoïde. Héroard explique pourquoi il a jugé à propos de la décrire après le maxillaire inférieur, car « elle est hors du bastiment des os, soustenue par les muscles du gosier. Je l'ay nommée ainsi, d'autant qu'elle ressemble sur le milieu à ces fourchetes, dont usent aujourd'huy nos soldats mosquetaires ». Il reconnaît à cet os qui « représente la figure d'un mors de cheval à la renverse » trois parties : la *fourchette* ou corps ; les *petits pilons* qui sont les cornes styloïdiennes ou petites branches ; les *branches*, les grandes branches, os ou apophyse styloïde.

II. — *L'eschine.*

L'eschine « donne passage à la moëlle ». Elle se compose de 52 *nœuds* (vertèbres).

1. *Nœuds du col* (vertèbres cervicales), au nombre de 7, différents entre eux d'aspect. Le premier nœud n'a point de tête (*advance ou espine*) ; il reçoit la tête qui y « est enclavée ». « La boëtte (surface articulaire) dans laquelle est receu l'os percé de la nuque, par où sort la moëlle de l'eschine, représente un attifet de damoyselle ». Le deuxième nœud, sur lequel la teste se meut, « s'enclave dans le premier par son advance pineale, ainsi dicte, pour la ressemblance qu'elle a avec le bout d'une pomme de pin ». C'est l'apophyse odontoïde. Héroard donne le nom de *saillies* aux apophyses, désignant les apophyses épineuses sous le nom de *saillie aquiline*, parce qu'elles ressemblent à un nez aquilin. Ce sont probablement les apophyses transverses, ces saillies, « une à chacun costé qui ressemblent aux ailes estendues d'un pigeon ».

La description des vertèbres cervicales est assez embrouillée. L'auteur semble surtout se préoccuper des *saillies ou advances* plus ou moins nombreuses sur chaque vertèbre ou nœud : 7 sur la troisième ; 7 sur la septième ; 10 sur la sixième. Mais il est assez difficile de s'y reconnaître, car Héroard donne le nom d'*advances* à tous les prolongements, à toutes les saillies, aux têtes, aux apophyses, aux surfaces articulaires. Il décrit très exactement l'emboîtement des vertèbres les unes dans les autres, par une tête couverte de cartilage (*allonge tendroneuse*) « de façon que depuis la fourchete du deuxiesme nœud jusques au septiesme en suivant, les deux advances hautes de devant reçoivent celles qui les devancent, et les deux autres d'en bas sont receues et appuyees pareillement par celles qui suivent apres ».

2. *Nœuds du coffre* (vertèbres dorsales). Héroard mentionne 18 vertèbres correspondant aux 18 côtes, qui viennent s'appuyer chacune sur une petite advance latérale. Chaque vertèbre est pourvue d'une tête « qui s'emboëte dans la cavité de celuy (nœud) qui précède ». Chacune d'elles est munie d'une « *longue saillie sur son dos* », dont la hauteur va en augmentant de la première à la quatrième, et diminue ensuite jusqu'à la douzième.

3. *Nœuds des reins ou des flancs* (vertèbres lombaires). 6 nœuds qui « ensemble representent le dessus du corps d'une galere equipée de ses avirons ». Les avirons, seraient ici représentés par les apophyses transverses.

4. *Nœuds de la croupe* (sacrum). Héroard compte six vertèbres entrant

dans la composition du sacrum. « Chacun d'eux (*nœud*) jette une advance sur le dessus, lesquelles vont en rapetissant depuis le premier jusques au sixiesme... Il n'y a que le premier nœud qui aye des saillies par les costez. »

5. *Nœuds de la queuë* (vertèbres coccygiennes), au nombre de 15 « plus un petit tendron poinctu qui est au bout ». Ces vertèbres sont réunies ensemble par des « tendrons qui sont entre deux ainsi que de la colle ». Ce sont les disques intervertébraux.

III. — *Le coffre.*

« Le coffre est toute ceste enceincte et enclos d'os composé de dix huict nœuds, de pareil nombre de costes et de l'os de la poictrine. »

Les nœuds ont été décrits dans le § 2.

Les *costes* sont au nombre de 18 de chaque côté, d'inégales longueurs, en forme d'arc, les plus longues au milieu. La première diffère des autres. Elle est « ronde et tortue comme une clef de pistole, d'où aucun nomment les deux, *clavettes* ». Héroard avait bien remarqué que les côtes s'inséraient sur les vertèbres et le sternum, mais pas toutes. Il dit que le sternum n'en soutient que 9 (au lieu des 8 sternales) ; « les autres sont attachees aux bouts par de longs tendrons ».

L'*os de la poictrine* est le sternum, « long, voulté, aboutissant en hault par un tendron tourné comme la pouppe d'un navire (prolongement trachélien) et en bas par un autre tendron qui represente la figure d'un fer d'espieus (appendice xiphoïde) ».

IV. — *Les extrémités.*

Héroard leur donne le nom de « pied... ce long membre composé de plusieurs os qui soustient le corps depuis le bout inferieur du palleron iusque au sabot ».

A. *Pied de devant.* — Se compose de 22 os y compris « le sabot ou boëte du pied ».

1. Le *palleron ou espaule* (scapulum), ainsi nommé parce qu'il est façonné en forme de « *paelle* ». Héroard lui reconnaît une forme triangulaire ; un bord supérieur ou *base* vers le garrot ; un bord inférieur ou *poincte*, en forme de col qui « aboutist en une tête creuse ou s'emboëte le bras » ; une épine acromienne sous le nom de « petite advance recamusee » prolongée par une *creste*. Pour lui, la face externe « enfoncee » est celle qui s'applique sur les côtes.

2. Le *bras* (humérus), qui semble plus court que les autres os, en rai-

son de sa grosseur. Il est massif, « aucunement tortu sur le milieu de son corps », terminé à ses extrémités « en grosses advances testuës ». L'extrémité supérieure, du côté « qui regarde vers le coffre…, finist en une grosse teste » qui remplit la cavité inférieure du scapulum. Toutefois l'auteur reconnaît que cette cavité est encore agrandie par une capsule ligamenteuse, « un tendron qui y est adiousté tout autour pour embrasser entierement ceste teste du bras ». Il reconnaît aussi à cette extrémité trois éminences « advances… entre lesquelles comme par des canaux passent les tendrons des muscles qui font estendre le genouïl ». L'extrémité inférieure est creusée, en arrière, d'une cavité (c'est la fosse olécranienne) pour « recevoir le coulde ». Héroard ne mentionne pas les trochlées de la surface articulaire.

3. Dans l'*avant-bras*, l'auteur décrit deux os :

a. Le *sous-bras* (radius), le plus long des os du membre antérieur, « un peu courbe en sa longueur, rond par devant et plat derriere ». Il décrit sommairement la surface articulaire de l'extrémité supérieure, « deux legeres cavités d'inégale grandeur » dont la plus grande se trouve du côté externe. D'après lui l'extrémité inférieure ressemblerait à un poing fermé « à cause de ces petites tubérosités et eminences qu'il a, semblables à celles de la main fermée sur les joinctes des doigts, que les Grecs ont appelé κονδυλοι ».

b. Le *sous-couldier ou coulde* (cubitus), comme collé au premier qui « va tousiours en ramenuisant en bas iusques vers le milieu du sousbras où il finist en poincte ». Héroard reconnaît que, par son sommet, il concourt à former une partie de la surface articulaire, et se termine par trois tubérosités (advances), dont « la plus grande fait iouër l'articulation dans la cavité posterieure du bout inférieur du bras ». C'est l'apophyse coronoïde.

4. Sous le nom de *pied antérieur*, Héroard décrit les os du carpe, du métacarpe, les phalanges et les sésamoïdes.

a. Os du genouïl. Ce sont « six petits os quarrez, colez ensemble et couchez trois à trois les uns dessus les autres, d'inégale grandeur » ; plus, « un septiesme qui sort dehors dans la joincture ».

b. Le *canon* ou *fluste* est le métacarpien principal, dont l'extrémité supérieure, « teste assez grassette, ronde au devant, plate au derriere et creuse au dessus, à raison de trois legeres cavitez », reçoit les os du carpe. L'inférieure, dit notre anatomiste, est « polie au dessus, mais inégale toutesfois, à cause d'une enleveure qui la tranche par le milieu ». C'est l'arête médiane.

Héroard n'oublie pas les métacarpiens rudimentaires, « os longuets

et menus, faicts tout ainsi que deux poinçons, lesquels jettent leur
poincte en bas ». Aussi les appelle-t-il *poinçons*.

c. Quelques personnes, dit-il, désignent sous le nom de *pasturon* cet os
(première phalange), mais encore ceux qui viennent après. Il n'adopte
pas cette manière de voir et donne à chacun d'eux un nom particulier.
Pour lui cette expression provient de ce qu'on a coutume d'attacher
à cet endroit les entraves qu'on met aux chevaux mis au vert dans les
prés ou *pasturages*. C'est un os court plus gros en haut qu'en bas, dont
l'extrémité supérieure est concave « à cause de deux superficieles cavitez
qu'il a aux costez » (cavités glénoïdes) et d'une troisième plus profonde, au milieu, « dans lesquelles s'enclave le canon ». Il n'oublie pas
les grands sésamoïdes, « lesquels par succession de temps s'unissent
tellement, qu'il semble que ce ne soit qu'un os gemeau ».

L'*os de la corone* est la seconde phalange. Il est ainsi nommé parce
qu'il est à l'endroit du sabot ainsi nommé. Sa face supérieure est creusée
de « deux cavitez séparées par une legere enleveure ».

A la troisième phalange Héroard donne le nom de *noyau*, parce qu'elle
est enfermée comme un noyau dans la « boëte du vulgaire appele *sabot* ».

Sa description est assez embrouillée. C'est un os « demy ovale en son
circuit par le devant et par les costez, haut elevé sur le derrière... Contre
ceste partie plus elevee il y a deux cavitez legeres qui reçoivent l'os de
la corone... Il est faict en voulte par dessous, et plus enfoncé montant
en hault vers le dedans, où il jette deux poinctes comme deux bras,
lesquelles figurent presque la forme d'un croissant (crête semi-lunaire) ».

« Entre ces deux poinctes est le *sous-noyau* ». C'est le petit sésamoïde.

Héroard range parmi les os la corne du pied « pour participer plus de
leur nature que d'aucune autre substance ». C'est le sabot ou la *boëte*.
Plate en dessous, elle prend le nom de sole, « laquelle a vers le talon deux
canaux comme deux sillons biaisants, et qui se joignans ensemble sur
le milieu d'icelle, representent un fer de fleche à queuë d'arondelle ».
C'est la fourchette. Le dedans est creux, « comme lambrissée d'une substance spongieuse et filetée en long, ne plus ne moins qu'on voit autour
du pied des champignons ».

B. Dans le membre postérieur, Héroard ne compte que 20 os.

1. La *hanche* (os du bassin ou coxal), auquel il distingue trois parties,
dans une description des plus succincte et quelque peu embrouillée.
La première partie, la plus haute, « qui couche son dos sur les os du
flanc », serait celle qui correspond à l'ilium. La deuxième, dirigée vers
les parties génitales, où elle se soude avec l'os du côté opposé, percée
d'un trou ovale (trou ovalaire), serait le pubis. Héroard dit qu'en raison

de ce trou on lui donne parfois le nom d'*os fenestré*. La troisième, qui devrait être l'ischium, est dite *boëte* parce qu'elle comprend une cavité (cavité cotyloïde), dans laquelle s'emboîte la *teste* de la cuisse. Tout autour de cette *boëte*, il y a un « tendron pour agrandir sa cavité », membrane dite « le sourcil de la boëte ».

2. L'*os de la cuisse* (fémur), gros, long, droit, « aboutissant en hault en deux testes », dont l'une ronde s'emboîte dans la cavité ou boëte du bassin ; l'autre serait le trochanter. L'extrémité inférieure, dit Héroard, est divisée en quatre parties : « dont les deux interieures sont plus grandes, grosses et plus fendues que les deux autres, qui sont sur le derriere de l'os ».

3. L'*os ferme* (tibia) est ainsi nommé parce qu'il supporte la plus grande charge dans les mouvements et exercices du cheval. Son extrémité supérieure, la plus grosse, de forme triangulaire, est terminée dans son milieu par une « petite advance » par le moyen de laquelle il s'enclave dans la cavité qui divise les « deux testes » de l'extrémité inférieure de l'os précédent. Héroard ne parle pas du péroné.

4. La rotule est désignée sous le nom d' « os quarré ».

5. Des os du tarse, Héroard semble n'en avoir connu que cinq.

La *poulie* (le calcanéum) « que j'ay ainsi nomme pour sa figure en ce qu'il est vuide comme sont les poulies ». A la partie supérieure, au sommet, Héroard donne le nom d'*arrest*, parce qu'il reçoit là « le gros tendron du muscle qui tient ferme ceste conjonction (articulation) et empesche qu'elle ne flechisse en arriere ».

Les quatre *os quarrez* doivent correspondre aux os du tarse.

Pour le reste, Héroard dit de s'en rapporter à la description des os analogues des membres antérieurs.

Ce que nous venons de dire sur l'Ostéologie d'Héroard nous fait regretter qu'il ait borné là son œuvre, qu'il espérait « (Dieu aidant) en faire voir un jour la suite entiere, non seulement de l'anatomie, mais de tout l'art vétérinaire ».

*
**

L'œuvre de Ruini est bien plus complète, car elle embrasse toute l'anatomie, mais elle est loin d'être aussi véridique.

Gurlt (1) a donné une bonne description de l'Anatomie de Ruini qui va nous servir de guide.

L'Anatomie comprend cinq livres.

---

(1) Gurlt, Coup d'œil sur l'Anatomie de Ruini (*Magazin. für die gesammte Thierheilkunde,* 21ᵉ année, 3ᵉ livraison, p. 270).

Premier livre.

Le premier livre ou « partie animale » s'occupe de la tête, du cerveau, y compris les nerfs, vaisseaux, muscles, glandes de cette région.

1. *Cerveau.* — Le *cerveau* est assez bien décrit, ainsi que la dure-mère, l'arachnoïde (*membrane sottile*), la choroïde (*pia madre*), la faux cérébrale. Au corps calleux (*corpo calloso*) sont décrits deux sillons longitudinaux qui engendrent les esprits animaux (*spiriti animali*) et le mucus qui se produit dans la tête et tombe par le nez. L'auteur donne une bonne description de la cloison semi-transparente, du ventricule latéral, du plexus choroïde, des troisième et quatrième ventricules, des annexes du cerveau (glande à mucus, de la glande pinéale, du cervelet), mais il ne donne aucun nom au corps strié, aux couches optiques. Il n'indique que sept paires de nerfs, dont les numéros ne correspondent pas aux nôtres. Quatre planches sur bois représentent le cerveau et ses annexes sous différents aspects.

2. *Tête.* — La tête est répartie en crâne et maxillaires supérieur et inférieur. Les os du crâne sont les mêmes, bien que l'ethmoïde soit compté comme os de la face. Les trous d'entrée et de sortie des nerfs sont nettement déterminés. Les muscles de cette région sont bien décrits, mais désignés seulement par des numéros d'ordre. Pour cette section, il y a six tableaux, très exacts, notamment pour les os et les dents.

3. *Yeux, oreilles, nez.* — L'anatomie de l'œil est aussi complète que possible et les différentes parties qui le constituent portent les mêmes noms que de nos jours. Cependant, dit Gurlt, la choroïde est décrite sous celui d'*uvea*. La conjonctive est prise pour la membrane blanche (*tela bianca*). Ruini connaissait le croisement du nerf optique dans l'intérieur de la boîte cranienne. Il décrit exactement : les glandes du coin de l'œil ; le globe oculaire ; les paupières ; le sourcil (*superciglio*) de la paupière supérieure du cheval ; la graisse du fond de la cavité orbitaire (*il latte dell'occhio*). Il n'a probablement pas connu les organes des larmes, les glandes de Meibomius, car il n'en dit rien.

La description de l'*oreille* externe, de la caisse du tympan, des osselets, de l'enclume, de l'étrier est exacte. Mais l'auteur ne parle pas de l'os sésamoïde, du labyrinthe, et croit que le cinquième nerf pénètre dans la caisse du tympan, pour conduire le bruit au cerveau. Il connaît très inexactement la trompe d'Eustache, ainsi que les rapports de la cavité du tympan avec le pharynx. Il indique onze muscles pour l'oreille externe, désignés par des numéros. Toute cette région est figurée dans deux planches.

L'intérieur de la *cavité nasale* est assez bien décrit. A propos des cornets, Ruini dit que l'air y pénètre réchauffé et purifié ; de là il passe dans l'ethmoïde, le cerveau, pour engendrer l'odorat. Une planche représente assez inexactement les cavités nasales, mais nullement les cavités accessoires, dont Ruini ne parle pas.

4. *Cavité buccale, pharynx.* — La description de la langue n'est pas complète. Il n'est pas question des ganglions sous-glossiens et la description des cinq paires de muscles n'est pas tout à fait exacte. Toutefois celle des muscles de l'hyoïde (*osso hyoïde*) est assez minutieuse

Le palais est bien indiqué avec ses circonvolutions débordantes, destinées « à polir les aliments déchirés par les molaires

L'homme seulement, dit Ruini, a une luette ou voile du palais ; les animaux ont en place une membrane charnue, plissée. Pour lui, l'utilité du voile du palais est de protéger le larynx par sa résonance, dans la formation des sons.

Dans la description du pharynx (*fauci*), il est parlé des amygdales (*tonsille*), destinées à recueillir l'humidité, afin que celle-ci humecte la langue et le pharynx, facilement desséchés par la chaleur.

Ruini ne décrit que quatre muscles du pharynx.

Deux planches anatomiques reproduisent la langue avec l'os hyoïde, le larynx et la cavité buccale.

Deuxième livre.

Dans le deuxième livre ou « partie spirituelle », il est question du cou, de la cavité pectorale et de ses organes.

1. *Cou.* — Les sept vertèbres cervicales sont bien représentées ; l'importance des apophyses et des trous scrupuleusement indiquée, bien que ces parties n'aient aucun nom déterminé. Ruini décrit 29 paires de muscles assez mal figurés sur les tableaux annexes. Parmi les artères et veines, il signale l'artère et la veine jugulaire interne dont il trace assez exactement le trajet. La partie cervicale de la moelle épinière, qui protège les nerfs du cou et du plexus brachial, est très justement indiquée.

2. *Larynx et trachée.* — Au larynx (*gargarozzo*), Ruini reconnaît quatre cartilages, dont la forme et le voisinage sont bien indiqués. Les muscles, sauf un, sont reconnaissables à la description et leur nombre est le même. Le larynx est l'organe de la voix et l'épiglotte sert à protéger

l'animal contre l'asphyxie, en s'opposant à l'introduction des aliments dans le larynx.

La trachée (*canna del polmone*) est minutieusement décrite, ainsi que les deux corps glanduleux dirigés vers l'extrémité supérieure (les deux moitiés de la glande thyroïde) destinés à humecter le gosier. Il en est de même des gros vaisseaux du cou.

3. *Cavité pectorale.* — La description de la cage thoracique, des vertèbres dorsales, des côtes, du sternum est très exacte et représentée dans quatre planches. Il est à remarquer que Ruini place le scapulum parmi les os de la poitrine. Comme muscles, il en mentionne six paires et quatre paires pour l'épaule.

4. *Organes de la cavité pectorale.* — Les poumons, la plèvre costale (*pleura*), le médiastin (*mediastinum*) sont indiqués comme dépendant de chaque moitié de la cage thoracique. Les *poumons* sont représentés comme une substance molle, spongieuse, naissant des divisions de la trachée. Ruini les divise en six lobes. Il reconnaît trois sortes de vaisseaux, dont la veine artérielle (artère pulmonaire), l'artère veineuse (veine pulmonaire) et quatre divisions de la trachée. L'origine et la répartition de l'artère pulmonaire sont exactes. Ruini lui donne le nom de veine artérielle, parce que sa tunique se comporte comme celle d'une artère. Elle est destinée à nourrir les poumons en leur fournissant un sang spumeux contenant de l'air. L'artère veineuse (veine pulmonaire) se répand dans les poumons comme la veine artérielle. Elle conduit l'air des poumons dans le ventricule gauche ; en outre, elle doit conduire au dehors, pendant que le cœur se contracte, quelques excrétions gorgées de suie qui naissent de l'air placé dans le ventricule gauche ; enfin elle fournit aux poumons une quantité suffisante de sang ténu et bien aéré.

Le *diaphragme*, dont l'action est de distendre et resserrer la poitrine, est bien décrit. — Le *cœur* est représenté comme organe de la vie, source de la chaleur naturelle et de la force vitale. Les ventricules, les valvules, les oreillettes (*orecchie*) sont bien décrits ; nous aurons l'occasion d'en reparler dans la partie relative à la physiologie, à propos de la théorie de la circulation du sang. Les vaisseaux coronaires sont indiqués sous ce nom. Les tableaux représentant le cœur sont exacts.

Troisième livre.

Dans ce livre, dit « partie nutritive », Ruini passe en revue la cavité abdominale et ses parois, la moelle épinière, les lombes, le sacrum, le bassin (*cariola*). Les vertèbres des lombes, du bassin, de la queue sont exactement représentées. Le pubis et l'ischion ne sont pas considérés comme os distincts et le tout est désigné sous le nom de *pubis*. Les quatre muscles de l'abdomen sont bien indiqués.

De la moelle épinière il n'est dit rien d'essentiel, si ce n'est qu'elle se compose de quelques filaments dans les environs de la troisième vertèbre de la queue, qu'elle sort de son canal pour se répandre dans les environs.

Le péritoine (*peritoneo*) est en général bien nommé ; l'épiploon (*reticella*), le mésentère bien décrits. Ruini parle des vaisseaux et ganglions du mésentère, mais des lymphatiques il n'est nullement question.

L'œsophage (*gola, esophago*) se compose de deux membranes, dont l'interne est la continuation de la peau de la bouche et de la voûte palatine ; elle est dure, nerveuse, mince et pourvue de fibres longitudinales pour pousser les aliments ; la membrane extérieure se compose de fibres transversales. Ruini mentionne deux paires de glandes pour lubrifier cet organe, l'une située dans le voisinage du pharynx, l'autre dans le milieu de l'œsophage. Il est sans doute ici question des lymphatiques du cou.

L'*estomac* est assez bien décrit, mais la différence entre les portions gauche et droite de l'estomac du cheval a échappé à l'auteur.

La *rate*, pour Ruini, sert à purifier le sang de la bile noire, car c'est l'organe où elle se collecte.

Le *foie* (*fegato*), ainsi que sa division en lobes, est bien tracé. D'après l'auteur, sa substance propre ne serait autre que du sang coagulé traversé de nombreuses branches de la veine porte, de grosses veines et de quelques petites artères. La veine porte, tronc épais et allongé à la face postérieure du foie, est bien représentée, ainsi que son trajet ; il en est de même du canal hépatique qui débouche dans l'intestin à 4 pouces de l'estomac. Ruini savait que le foie du cheval était dépourvu de vésicule biliaire.

Le canalicule biliaire, sans vésicule biliaire, est nécessaire, dit-il, chez le cheval, pour que la bile puisse couler plus abondamment et sans interruption dans l'intestin, pour produire, de la quantité de nourriture prise, beaucoup d'excréments qui résultent de l'évacuation de celle-ci ; c'est pourquoi (à cause de l'écoulement abondant de la bile) les chevaux, d'après l'opinion de quelques-uns, doivent avoir un sang plus pur et un foie plus sain.

La division du *canal intestinal* en intestin grêle et gros intestin, et de leurs subdivisions : duodénum (*duodeno*), jéjunum (*dijiuno*), iléon, cæcum (*intestino cieco*), côlon (*intestino colon*), rectum (*intestino retto*), est exacte. Ruini ne parle pas du pancréas ni des villosités intestinales.

La position et l'état des *reins* est juste et l'auteur mentionne que le rein gauche, plus plat, plus allongé, est situé plus en arrière. Il signale ensuite, du côté interne de chaque rein, des organes, de même couleur, qui sont probablement les capsules surrénales, qu'il considère comme organes de protection aux veines et artères des reins. Les uretères (*condotti dell'orina*), les artères et les veines sont très bien décrits.

Il en est de même de la *vessie*, de sa position, de sa forme, de sa composition. Mais Ruini indique à tort qu'elle est composée de deux membranes, l'une extérieure qui vient du péritoine, l'autre interne, dure, nerveuse, formée de trois sortes de fibres, à travers lesquelles l'urine est attirée.

Sept planches représentent les viscères que nous venons d'indiquer sommairement ; elles sont assez bien réussies. Une huitième est un schéma de la veine porte.

Quatrième livre.

Le quatrième livre, ou « partie générative », traite des organes de la génération, du fœtus et de ses enveloppes. Elle comprend dix planches très compréhensibles.

1. *Organes mâles.* — Les testicules (*testicoli*) sont avant tout des organes de reproduction. Ils sont blancs, durs, pleins de petits rameaux veineux et artériels, et leur substance propre a l'aspect d'une glande spongieuse. Ruini leur reconnaît deux enveloppes, une dure, le δαρτος; l'autre remplie de vaisseaux, appelée par les Grecs ερυθροιδης. Il ajoute que les deux canaux qui conduisent le sperme aux testicules, dont l'un vient de la veine cave, l'autre de la veine émulgente, sont accompagnés chacun d'une artère émanant de la grosse artère. Ils font des circonvolutions, des entortillements comme les vrilles de la vigne, et s'enfoncent dans les testicules. A l'extrémité de ce canal déférent, il y a un canal variqueux (épididyme et canal déférent) qui apporte la semence au canal commun qui est l'urètre. Les vésicules séminales et glandes de Cowper ne sont pas indiquées.

La verge (*membro*), corps spongieux, nerveux extérieurement, est recouverte d'une peau cornée et mue par trois paires de muscles.

2. *Organes femelles.* — La matrice est placée entre les intestins pour que cet organe, qui reçoit la semence générative, soit plus chaud et protégé des heurts des os et des chocs extérieurs. Ruini montre les

différences qui existent entre la matrice gravide et la matrice non impré-
gnée. La division de cet organe en col, corps et corne est fort exacte.
Ruini dit que l'orifice utérin, dans la jument pleine, est si fermé qu'une
tête d'épingle ne peut y pénétrer, ce qui a pour but de conserver la
semence et d'empêcher l'entrée de l'air extérieur qui refroidirait le fœtus.
Dans le voisinage du vagin (*natura*), l'auteur décrit une forme plissée
et charnue (le clitoris) dont il a méconnu la nature. Les ovaires sont bien
décrits.

3. *Le fœtus et ses enveloppes.* — Ruini ne mentionne que deux enveloppes fœtales et Gurlt dit que cette erreur est pardonnable, parce que,
dans la jument, l'allantoïde n'est pas nettement séparée comme chez
les ruminants et le cochon. Il donne à l'amnios le nom de *manto* et considère le feuillet interne de l'allantoïde comme dépendant de l'amnios.
Il parle ensuite du chorion (*corion*) parsemé de gros rameaux du vaisseau ombilical. L'auteur décrit ensuite le placenta (*placenta* ou *secon-
dina*) comme un tissu charnu, rouge, spongieux, ayant la forme de la
face interne de la matrice, et se différenciant de celui de la femme. Il
mentionne en un long chapitre l'hippomane, cette masse qui se trouve
fréquemment dans les méninges des juments, mais ne donne sur sa nature
que des opinions très hypothétiques. La position du fœtus dans la matrice
est très bien indiquée. A ce propos, il parle des châtaignes et dit qu'elles
naissent chez le poulain, aux endroits minces et dépourvus de poils,
où les membres restent en repos et sans mouvement dans la matrice.
Après la naissance, sous l'action des mouvements, de la position, de la
chaleur, à ces endroits qui sont si voisins des articulations froides,
s'engendre une grande quantité d'humidité, d'où formation des châtaignes. Il ajoute que les Grecs les désignaient sous le nom de *Lichenes*.

Dans un chapitre spécial, l'auteur traite de l'union de la veine cave
postérieure avec l'oreillette gauche du cœur, et de l'artère pulmonaire
avec l'aorte dans le fœtus, et mentionne une ouverture (trou de Botal)
qui se ferme aussitôt la naissance.

Cinquième livre

C'est la partie relative à l'ostéologie, myologie, névrologie des mem
bres antérieurs et postérieurs.

Dans le *membre antérieur*, il n'est pas question de l'épaule, dont il
a été parlé à propos des os de la poitrine. Ruini mentionne le bras
(*humero*), l'avant-bras ou coude (*cubito* ou *gombido*), le tibia (*stinco*), le
paturon (*pastora grande*), etc., la première phalange, la deuxième
phalange (*pastora picciola*), la troisième phalange (*piede*).

Le bras est assez bien décrit, ainsi que son trou nourricier. Quant à l'avant-bras, l'auteur n'admet pas, chez le cheval, deux os réunis comme chez l'homme. Les os (*ossicelli del ginocchio*) du carpe (*ginocchio*) sont désignés par des numéros ; l'os pisiforme est le premier de la série supérieure, et l'os crochu le premier de la série inférieure. Au paturon, Ruini place exactement les deux sésamoïdes qui ne portent pas de nom. Comme os du pied, il décrit exactement le grand et le petit. Les parois musculeuses du sabot, riches en vaisseaux, sont dites *il vivo del piede*, tandis que la corne est appelée *il morto del piede*. La corne ou l'*ungua o il carno* comprend la sole (*suolo*) et la fourchette (*fettone*). — (Quatre planches d'ostéologie des membres antérieurs et postérieurs ; quatre planches de myologie, plus une représentant un squelette de cheval.) Les artères et veines du membre antérieur viennent de l'axillaire (*arteria et vena ascellare*) qui conduit l'air (*lo spirito*) et le sang. L'origine de ces vaisseaux est assez bien indiquée, mais leur trajet quelque peu approximatif

Le membre postérieur se divise en cuisse (*coscia*), jambe (*anca*) et le reste comme dans le membre antérieur. Les articulations sont assez bien décrites. Le fémur (*osso della coscia*) est comparé à celui de l'homme. La rotule n'est pas mentionnée en cet endroit ; elle est mentionnée dans un chapitre spécial sous le nom d'*osso molare ò rotula*. Le tibia porte le nom d'*osso dell'anca* ; le péroné est considéré comme un appendice que le vulgaire désigne sous le nom de *grassella*.

Dans l'articulation tibio-tarsienne (*garettone*) ou du genou postérieur (*ginocchio di dietro*), Ruini ne compte que deux os : la trochlée (*girella ò carrucola*) et l'astragale (*talone*). Les autres os, pour lui, n'ont pas de nom. Il compte 13 muscles pour le jeu de la cuisse. D'après Ruini, la veine cave postérieure, venant du foie, se dirige vers le bassin, où elle se divise en deux branches dans la direction de la région inguinale, la petite et la grosse veine, dont la description laisse à désirer.

D'Arcussia, dans son livre, donne quelques indications sommaires sur l'ostéologie des oiseaux. Il mentionne l'humérus (*os mahute*), le sternum (*os carcanier*), les ailes, les ailerons, la jambe. Parmi les organes internes, il signale : le gésier (*premier sachet*), l'estomac (*mulette*), le fiel et son usage, l'œsophage (*cane*), la cavité abdominale (*capacité basse*), la cage thoracique (*capacité moyenne*), le cerveau, le cervelet, les nerfs optiques. Il dit que les oiseaux n'ont ni reins ni vessie.

Pages 252 et 253, deux planches représentent deux squelettes d'oiseaux.

V

Physiologie.

Circulation du sang (**1**). — La découverte de la circulation du sang date du XVIe siècle. On l'attribue généralement à Harvey, mais, avant lui, bien des théories ont été émises, qui ont plus ou moins approché de la vérité.

Celles des anciens sont très confuses, car ils ignoraient le rôle des artères. Les trouvant vides de sang, à l'autopsie des cadavres, ils supposaient qu'elles ne contenaient qu'un fluide subtil, de l'air. Hippocrate admet que l'air pénètre dans les poumons, puis de là au cœur, où il refroidit le sang. D'après Aristote, le cœur est comme un autre animal vivant en celui qui le contient ; c'est en lui que réside l'âme animale qui y brûle, et le sang en provient.

Galien est plus précis et, contrairement à ce qu'avait énoncé Érasistrate, prouve que les artères ne contiennent pas de l'air, mais du sang. Mais il commet bien des erreurs d'interprétation en ce qui concerne la circulation. Toutefois on ne peut lui dénier d'avoir reconnu l'usage des valvules du cœur. « Il a vu, dit Richet, que le sang passe de l'oreillette dans le ventricule. Il a vu que le sang de la veine cave va au cœur pour être lancé par l'oreillette droite dans le ventricule droit, et par le ventricule droit dans les poumons. Il a vu que le ventricule gauche chasse le sang dans les artères et que les artères sont pleines de sang,... que l'aorte se termine par des artères et non par des nerfs, comme le croyait Aristote. »

Au moyen âge, les idées ne sont pas plus avancées, car, pendant toute cette période, la théorie de Galien a survécu sans changement.

Au XVIe siècle, un Espagnol, né en Aragon, connu sous le nom de Servet, et qui, dit Richet, s'appelait peut-être Michel de Villeneuve, peut-être Michel Reves, dans un livre de théologie imprimé en 1553 (**2**), décrit nettement la circulation du sang :

« A dextro ventriculo, longo per pulmones ductu, agitatur sanguis, a pulmonibus praeparatur, flavus efficitur, et a vena arteriosa in arteriam venosam transfunditur. Ille itaque spiritus vitalis a sinistro

---

(1) Cazas de Mendoza, Sur l'histoire de la circulation du sang avant Harvey (Traduction française de Gourdon. — *Journal des vétérinaires du Midi*, 1850, p. 70). — Richet, La découverte de la circulation du sang (*Revue des Deux-Mondes*, p. 683).

(2) *Chistianismi Restitutio*

cordis ventriculo in arterias totius corporis deinde transfunditur. (Le sang, par le moyen de la veine artérielle, passe du ventricule droit dans les poumons, où il subit une préparation, en recevant l'air qui s'y introduit. De là cet esprit vital est lancé par le ventricule gauche du cœur dans les artères de tout le cœur.)

Presque dans le même temps, Francisco de La Reina, maréchal et hippiâtre (*Herrador y albeytar*) de la ville de Zamora (Espagne), dans son *Libro de Albeyteria*, imprimé à Saragosse en 1553, arrivait à des conclusions presque identiques, mais bien moins claires. Voici ce qu'il dit dans le chapitre 94, où, sous forme de demandes et de réponses, est traité de la circulation :

« Si on te demande par quelle raison, quand on lie les veines (*desgobiernan*) (1) des bras ou des jambes à un cheval, le sang sort de la partie inférieure et non de la partie supérieure. — *Réponse*. Pour comprendre cette question, on saura que les veines principales (*capitales*) naissent du foie (*higado*) et les artères du cœur (*corazon*) ; et que ces veines (*capitales*) principales vont se répandre dans les membres en ramifications, en « *miseraicas* » qui se rendent seulement dans les parties superficielles des membres antérieurs et postérieurs, jusqu'aux organes du sabot (*cascas*). De là ces « *miseraicas* » se retournent pour se fondre dans les veines, qui remontent du sabot par les parties internes des membres. De sorte que les vaisseaux externes ont pour mission de conduire le sang de haut en bas, et les vaisseaux internes de le conduire de bas en haut. De sorte encore que le sang marche en tournant, en formant un circuit dans tous les membres, en passant par les veines, dont les unes ont pour usage de porter la nourriture aux parties superficielles et les autres de la porter dans les parties profondes, jusqu'à l'*emporado* du corps qui est le cœur, auquel tous les membres obéissent ».

C'est en se basant sur ce passage à peine intelligible que plusieurs personnes, notamment le R. P. Feijoo (2), ont admis que La Reina avait le premier découvert la circulation du sang. La théorie émise par Michel Servet n'est pas faite pour les embarrasser dans cette revendication de priorité. D'abord il est douteux, disent-ils, que La Reina ait pu avoir connaissance de l'œuvre de Servet, qui fut brûlée par le bourreau, en raison de la qualité d'hérétique de son auteur. De plus, d'après Casas de Mendoza, le *Libro de Albeyteria* de La Reina aurait été antérieur au travail de Servet ; une édition aurait paru en 1532.

Ce qu'il y a de plus probable, c'est que cette théorie avait déjà

<hr>

(1) Barrement de la veine.
(2) Dans sa 28ᵉ lettre des *Erudites*, t. III.

cours en Espagne à l'époque où ces deux auteurs vivaient, ainsi qu'on peut s'en rendre compte en parcourant les traités d'anatomie de Luis Lovera de Avila (1550), de Juan Sanchez Valdès (1598), de Montana de Monsarrat (1551).

Carlo Ruini, dans son *Anatomie du cheval*, imprimée en 1598, après sa mort, décrit aussi la circulation du sang. Voici ce qu'on lit au chapitre XII du livre II :

« L'office du ventricule droit est de préparer le sang, qui sert à engendrer les esprits de la vie et à nourrir les poumons ; celui du ventricule gauche est de recevoir ce sang déjà préparé, d'en convertir une partie en esprits qui donnent la vie, et de le faire passer ensuite par les artères, à toutes les parties du corps. Dans ces deux ventricules il y a deux ouvertures : par celle du ventricule droit entre le sang de la grande veine, ou veine cave, et sort par la veine artérielle ; par celle du ventricule gauche entre le sang préparé dans les poumons ; il y est amené par l'artère veinale.

« Ce sang arrive dans le ventricule gauche spiritueux et très parfait ; il en sort par la grande artère, qui le conduit dans toutes les parties du corps, pour les faire participer de la chaleur qui lui donne la vie. Il y a à l'orifice de chacune de ces ouvertures trois pièces appelées par les Grecs *ostiolis* ; il y en a en dedans et en dehors. A l'orifice de la première ouverture, là où vient aboutir la veine cave dans le ventricule droit, il y a une membrane fine qui entoure l'ouverture ; cette membrane se dirige un peu vers le fond du ventricule ; elle se divise en trois parties qui se divisent en pointes de triangle. Un peu au-dessous de cet endroit du ventricule et de chacune de ces pointes partent des filets nerveux qui vont s'insérer sur les parois du ventricule vers sa terminaison ; ils s'attachent sur les membranes et à la substance du cœur.

« Ces membranes ainsi disposées, en s'ouvrant et en se fermant alternativement, permettent au sang, lorsque le cœur se dilate, d'entrer de la grande veine dans le ventricule droit, et, lorsqu'il se contracte, d'empêcher que ce sang ne sorte par la veine artérielle et ne retourne dans la veine cave. La membrane qui existe aussi à la seconde ouverture du même ventricule droit où vient s'attacher la veine artérielle n'est pas d'une seule pièce ; elle est divisée en trois parties très distinctes qui ont la forme d'un demi-cercle ; elles sont situées à l'origine de la veine artérielle. En s'ouvrant, ces trois membranes laissent sortir le sang par la veine artérielle, qui le conduit aux poumons, et elles empêchent que par la veine artérielle, ouverte de nouveau, il ne retourne au ventricule droit.

« De la même manière à peu près qu'à la première ouverture du ventricule droit est placée une membrane au niveau de la première ouverture du ventricule gauche, au point d'attache de l'artère veinale ; elle ne se divise pas en trois parties comme la première, mais en deux seulement qui sont très larges supérieurement et se terminent en une pointe épaisse qui descend plus bas que les extrémités des membranes du ventricule droit ; elles sont aussi plus étendues et plus fortes. L'une occupe le côté gauche, l'autre le côté droit du ventricule. Quand le cœur se dilate, elles s'ouvrent et laissent entrer le sang et les esprits de l'artère veinale dans le ventricule gauche ; et quand le cœur se contracte, elles empêchent que le sang et les esprits ne retournent dans l'artère veinale.

« Aux trois membranes de la seconde ouverture du ventricule droit correspondent les trois qui sont placées à l'orifice de la seconde ouverture du ventricule gauche où s'attache la grande artère ; elles sont tout à fait semblables entre elles, seulement elles sont plus grandes et plus fortes, comme aussi la grande artère est plus grande et plus forte que la veine artérielle. Lorsque le cœur se contracte, ces membranes s'ouvrent et laissent sortir l'esprit vital avec le sang qui passe avec impétuosité dans la grande artère ; et lorsqu'il se dilate, elles empêchent, en fermant l'ouverture, que l'esprit et le sang ne rentrent de nouveau dans le ventricule.

« Le cœur a de plus à sa base deux oreillettes, une à gauche, l'autre à droite ; elles sont formées de la même substance, un peu plus molles et creuses en dedans ; la droite est plus grande que la gauche. Elles ont été placées là pour protéger la veine cave et l'artère veinale, qui n'auraient pu supporter, sans être exposées à se rompre, l'impétuosité des battements du cœur si rapides pendant la contraction et l'expulsion (1). »

Aucune de ces définitions ne peut entrer en parallèle avec celle, si claire, si précise, d'Harvey. Elles eurent néanmoins, notamment la description de Servet, une certaine influence sur la découverte de la circulation du sang. Il est impossible, dit Richet, que les mille exemplaires de l'ouvrage de Servet aient été complètement anéantis. Le 27 octobre 1553, on brûla Servet à Genève, et avec lui un exemplaire manuscrit et un exemplaire imprimé de son œuvre. On en brûla d'autres à Vienne, à Francfort-sur-le-Mein, mais combien ont pu échapper à la main du bourreau ? « En tout cas, ajoute le professeur Richet, il serait bien invraisemblable de supposer que les deux seuls exemplaires qui nous restent de la

---

(1) L. PRANGÉ, Carlo Ruini, anatomiste-vétérinaire, est un des inventeurs de la circulation du sang (*Recueil de médecine vétérinaire*, 1855, p. 754).

Restitution du Christianisme ont été les seuls qui, dès le XVIe siècle, avaient échappé au fanatisme religieux. »

Servet, contrairement à ce qu'avaient écrit Aristote et Galien, a dit le premier que la cloison du cœur n'est pas perforée ; mais, ajoute Richet, « il n'est pas absolument certain que l'auteur de la *Restitution du Christianisme* ait compris toute la circulation, et en particulier le retour du sang au cœur par les veines ». C'est André Césalpin qui découvrit la circulation générale, qui prononça le premier le mot de circulation (1569).

VI

Thérapeutique.

Dans un travail aussi complexe que celui de l'histoire de notre médecine, il ne faut pas songer à étudier dans tous ses détails chacune des branches qui la composent. Ce sont des points particuliers qui, pour être bien traités, doivent faire l'objet de recherches spéciales et plus approfondies. Même l'évolution de la branche principale de la vétérinaire, la pathologie, ne ferait que gagner à être envisagée autrement que dans son ensemble. Étudier chaque maladie en particulier, en suivre les progrès dans le cours des siècles, donnerait une plus juste idée de son évolution, et nous permettrait de mieux connaître la part qui revient à chacun dans les découvertes.

C'est pour cette raison que, dans cette étude et dans celles qui l'ont précédée, j'ai apporté tous mes soins à l'historique de la pathologie et de la chirurgie vétérinaires, me réservant d'ébaucher seulement celle des parties que je considère comme des annexes à l'art de guérir : thérapeutique, zootechnie, hygiène, jurisprudence, inspection des viandes, ferrure pathologique. Étudier l'évolution de la thérapeutique serait superflu, car la séméiologie et la science de guérir sont choses connexes qui ne peuvent être séparées.

La thérapeutique est du reste restée à peu près stationnaire. Ce sont, comme dans la période médiévale, des formules aussi longues que bizarres, où le merveilleux côtoie l'invraisemblable. Mais ce qu'on remarque de particulier au XVIe siècle, c'est l'abondance des formulaires où, pour chaque maladie, sont décrits des traitements soi-disant appropriés, sans description d'aucun symptôme pour en faciliter le diagnostic. Ce sont, en Allemagne, ceux de Brunfels (1533), de Seuter (1588), plus deux ou trois anonymes ; en Italie, ceux d'Abram (1532), de Vincent (1557), de Grilli (1591), de Lanfray (1599), d'Alphonse second d'Este

(s. d.) ; en France, les recettes de De Lozenne (1507) et celles de
Massé (1563), ajoutées à sa traduction des hippiâtres grecs. Mais, indépendamment de ces formulaires, pour avoir une notion exacte de ce
qu'était la thérapeutique au xviᵉ siècle, il faut consulter tous les traités
de pathologie, dont nous avons indiqué les titres dans les chapitres
précédents.

Nous citerons seulement pour mémoire un auteur, né à Papyra, au
ivᵉ siècle, dont le travail ne fut imprimé qu'au xviᵉ siècle. Il s'agit de
Placidus (*Sextus*), plus connu sous le nom de *Sextus philosophus platoni-
cus*, que nous aurions passé sous silence, si quelques auteurs ne l'avaient
considéré, par fausse interprétation du titre de son travail, comme
ayant composé un ouvrage de pathologie animale. Son *De medicina
animalium bestiarum, pecorum et avium*, imprimé à Nuremberg en 1537,

réimprimé à Tiguri en 1539, in-4ᵒ (Bibl. nat. Tg $\frac{4}{1}$; Bibl. d'Alfort,

F. 57-77-186), et à Nuremberg en 1788, ne contient rien qui puisse intéresser directement notre médecine. Dans la première partie, divisée en
22 chapitres, il s'occupe des mammifères et de leur emploi dans la thérapeutique. C'est ainsi qu'il passe en revue les usages médicinaux auxquels on peut faire servir en totalité ou en partie les animaux suivants :
le cerf, le lièvre, le renard, la chèvre, le mouton, le porc, le loup, le chien,
le lion, le taureau, l'éléphant, l'ours, l'âne, le mulet et le bardaut, le
cheval, l'enfant mâle ou femelle vierge, le chat, le loir, la mustèle, la
souris, la taupe. De la page 100 à la page 122, il énumère pour les mêmes
raisons les oiseaux, tels que : l'aigle, le vautour, la grue, la perdrix, le
corbeau, le paon, la poule et le coq, la colombe, l'oie et l'hirondelle.
Chaque chapitre est suivi des scholies d'Humelbergius, dans lesquelles
il définit les termes employés.

A propos du chien enragé, il parle de l'excision du prétendu ver sous
la langue, de l'ingestion de tête et foie cuits du chien enragé pour guérir
les personnes mordues, etc. En parlant de l'ours, il énumère les qualités
merveilleuses de la graisse d'ours pour faire repousser les cheveux.

VII

Zootechnie.

Pour les raisons déjà indiquées (voy. *Thérapeutique*), je n'ai pas parlé,
dans mes ouvrages précédents, de la zootechnie et de l'hygiène, parce
que j'estime que ce sont des sujets trop importants pour être brièvement traités. L'historique de l'élevage des animaux domestiques et des

soins à leur donner pour les entretenir en santé reste donc entièrement à faire, et ce ne sera pas une mince besogne pour celui qui osera l'entreprendre. En ce qui concerne le cheval, je renverrai aux savants travaux, si bien documentés, de MM. Chomel et Piétrement.

Au xvie siècle, bien des auteurs sont à consulter pour l'étude des méthodes zootechniques. Ce sont :

En *Allemagne*, un traité anonyme de dressage et d'élevage du cheval, en 1531 ; la traduction du traité d'équitation de Xénophon (1539) et des Géoponiques (1577), par Camerarius ; les traductions des œuvres de l'Italien Grisone par Veith Tufft (1566) et Fayser (1570) ; le traité d'élevage du cheval de guerre de Fugger (1583) ; le traité d'hippiatrique de Reuschlein (1593) ; la description des meilleurs mors de Loëhneizen ; l'économie rurale de Colerus (1597).

En *Angleterre*, les travaux de Blundeville (1565), de Mascal (1581) et de Markham (1593).

En *Espagne*, le traité d'agronomie de Herrera (1590) ; les ouvrages d'équitation de Suarez (1564), d'Aquilar (1572), d'Andrada (1580), de Davila (1590) ; le traité d'élevage du cheval et du chien de Perez (1568) ; le travail sur l'élevage des faucons par Çuniga (1).

En *Italie*, les traités d'élevage du cheval de Magno (1508), de Caracciolo (1567), les ouvrages d'équitation de Grisone (1550), de Fiaschi (1556), d'Alberti (1556), d'Antonio Ferraro (1560), de Claudio Corte (1562), de Pavari (1581), de Siliceo (1598), de Ferraro fils (1602) ; les livres des marques de chevaux (1569 et suiv.) ; l'encyclopédie de sciences naturelles d'Aldrovande ; l'encyclopédie agricole de Gallo (1550), etc.

En *France*, le traité d'économie rurale de Charles Estienne et Jean Liébault (1565 et suiv.) ; le traité d'agriculture d'Olivier de Serres (1600) ; en ce qui concerne le chien et les oiseaux de proie, le traité de vénerie de du Fouilloux (1561), le traité de fauconnerie de d'Arcussia (1598).

En *Suisse*, l'œuvre d'érudition de Gesner.

Olivier de Serres, au quatrième lieu de son *Théâtre d'agriculture,*

---

(1) Voy. ces noms.

Amoreux, 2e lettre, p. 85, signale un poème intitulé *Jannes Darcii Venusini, Canes recens in lucem editi,* Parisiis, Colinoeus, 1543, dans lequel il est question de l'élevage du chien et où se trouve, dit-il, un portrait frappant de chaque espèce. Cet ouvrage de Darci ou Darcius se trouve dans : Amphitheatrum Dornavii ; Deliciae poetorum italorum ; Collection Féyérabendius.

Huzard, t. I, n° 1803, mentionne : *Ioannis Caü Britanni ; de Canibus Britannicis, liber unus...* Londini, 1570.

s'occupe avec soin de l'élevage des animaux domestiques. Du cheval (chap. 10), il indique les époques de la monte, la manière de reconnaître l'âge, l'indice de la vieillesse. Comme pays d'élevage, il cite en France la Bourgogne, la Normandie, la Bretagne, l'Auvergne, le Poitou, et reconnaît qu'on élève un plus grand nombre de chevaux dans les pays étrangers tels que l'Allemagne, l'Angleterre, la Sardaigne, l'Espagne, la Turquie, la Transylvanie. Il énumère assez longuement les caractères que doit présenter un bon étalon et mentionne les robes et particularités, ainsi que les qualités qu'on doit leur attribuer. D'après lui, « le bay, le fauve, le grison et le moreau » sont les robes les plus estimées. Les chevaux à balzanes sont recherchés, mais pas tous au même degré, car, si les balzanes postérieures sont de bonne marque, il n'en est pas de même des antérieures. La balzane du pied droit est de bonne marque, le cheval est excellent, mais vicieux, il est appelé *arsel*. Les chevaux aux « quatre pieds blancs faillent au besoin ». Les chevaux ayant une étoile au front ont aussi leurs qualités. Ainsi celui qui aura « l'estoille blanche au front ou la liste et raie blanche descendant par la face au chanfrein, sans toucher au sourcil, ni au museau, sera de bon cœur ». Encore mieux s'il a l'étoile, la liste et des balzanes aux parties basses. Les mouchetures ont aussi leur signification.

Aux chapitres 7, 8 et 9 du même lieu, Olivier de Serres décrit les caractères d'un bon taureau, ceux d'une bonne vache, fixe la meilleure époque de la monte et indique les soins à donner à ces animaux pendant la gestation. Il consacre ensuite quelques pages à l'élevage tout particulier du veau, etc. Il traite de la même façon les autres espèces domestiques.

Dans Grisone, il faut surtout consulter l'examen du tempérament du cheval d'après la couleur de la robe (livre premier).

Le cheval à poil moreau ou couleur de cerf ou pommelé (*ammelato*) ou de poil de souris, ou de telles autres couleurs mêlées, sera mélancolique, pesant ; par contre, le bai est sanguin, gaillard ; le roux alezan (*sauro*) ardent, nerveux. « Entre tous les poils, dit-il, le bay chastain, le *liardo rotato*, gris rouë, que vulgairement on appelle *liardo pomato*, gris pommelé ; le *sagenato sopra negro*, rouan, nomme *teste de more* (*cauezzi di moro*) et encore *sauro metalino*, roux métallin, lequel en langue espagnole s'appelle *alazan tostardo*, alezan obscur, sont les plus attrempez et les plus estimez ».

Il indique comme autres robes : « le bay doré ou rouge en couleur, comme rose, ni véritablement obscur qui ne soit pas de ces zains qui ont le tour des yeux, le muffle et les flancs lavez ; le *sauro*, roux ou alezan ;

le blanc moucheté de noir ; le *liardo argento*, gris argenté, à extrémités noires ; le gris tirant sur le pardil (*pardaglio*) ; le *liardo pomato*, gris pommelé ; le *sagenato sopra negro* ou rouan ; le *sauro metalino* ou alezan obscur ; le, noir qu'on appelle vulgairement zain ; le moreau (noir) mal teint nommé aussi *andrin* ».

Les balzanes du pied droit s'appellent *arzel* ; celles « de la main de la lance et du pied droit, *travé* » ; celles « de la main de la bride et du pied droit, *trastavat* ». On désigne sous le nom de *rupican* un cheval qui a du poil blanc, un cheval moucheté. Le cheval moucheté seulement aux flancs, à la croupe, au col est dit *atavanato, tavelé* ou *frestonné*. Le cheval pie est désigné sous le nom de *gazzo*. Il est aussi question des épis ou remolin.

VIII

Tératologie.

La tératologie des animaux est encore fort peu connue au xvi⁰ siècle. L'Italien Aldrovandi (Voy. ce nom), auquel on doit un Traité des monstres, s'occupe plutôt de tératologie humaine ; mais il reproduit quelques monstruosités observées sur les animaux domestiques.

IX

Jurisprudence.

Pour l'étude des questions relatives à la jurisprudence en matière d'achat ou de vente des animaux, et pour celle des responsabilités qui incombent en cas d'accidents aux détenteurs de bestiaux, nous renvoyons au livre de l'Italien Bonacossa (Voy. ce nom) où plus de 550 questions litigieuses sont traitées.

On pourrait aussi consulter avec fruit les nombreuses coutumes régionales, publiées pour la plupart au commencement du xvi⁰ siècle, dont les prescriptions sont en grande partie calquées sur le droit romain et les usages locaux : coutumes d'Amiens, de l'Angoumois, de l'Anjou, d'Artois, d'Auvergne, d'Auxerre, de Bar, du Beauvoisis, du Berry, de Blois, du Boulonnais, de Chartres, de Chaumont, de Doullens, de Dreux, du Maine, de Meaux, de Melun, de Montargis, de Montreuil, du Nivernais, d'Orléans, du Perche, de Paris, de la Rochelle, de Saintonge, de Sens, de Vitry-en-Perthois, etc.

En Italie, la ville de Bologne fut une des premières à apporter quelques modifications aux lois romaines. Dès le xvᵉ siècle, elle promulgait des statuts, où étaient énumérés les principaux cas donnant lieu à rédhibition dans l'achat et la vente des animaux, les délais fixés pour intenter une action, les règles à suivre en pareil cas.

X

Inspection des viandes.

Le xvıᵉ siècle se fait surtout remarquer par l'abondance des prescriptions relatives à la réglementation des boucheries et du contrôle sanitaire des viandes, notamment en ce qui concerne les mesures prohibant la vente des porcs ladres (règlement de la ville de Dôle, du 22 novembre 1561 ; de Bordeaux, des 20 août 1583 et 30 mars 1593 ; d'Aix en Provence, 1569 ; de Troyes, 6 avril 1564, etc.).

Comme la plupart de ces prescriptions sont identiques à celles énumérées dans la deuxième période de notre *Histoire de la médecine vétérinaire* (deuxième partie, p.169), nous y renvoyons, ainsi qu'aux nombreux documents publiés sur ce sujet par Morot, dont nous avons donné la liste à l'index bibliographique (deuxième partie, p. 177).

XI

Ferrure.

Au xvıᵉ siècle, la ferrure pathologique fut souvent employée avec succès dans le traitement des maladies de pied. Aussi la plupart de ceux qui s'occupèrent du dressage ou de la pathologie du cheval ont-ils, dans leurs traités, consacré un ou plusieurs chapitres à la ferrure. C'est surtout en Espagne que cette question fut à l'ordre du jour. A une époque indéterminée, mais bien antérieure à 1553, Vinuesa composait un traité de ferrure, publié à la suite des éditions de 1553 et de 1603 de l'ouvrage de La Reina. En 1580, Péralta, en parlant d'équitation et de mors, indique quel est le meilleur mode de ferrure. En 1582, la Pathologie du cheval de Calva comporte un chapitre sur les fers, dialogué en vers. En 1588, Zamora en parle également.

Mais l'ouvrage le plus important est celui de l'Italien Fiaschi. Cette matière est traitée en 35 chapitres au troisième livre de son Manuel d'équitation. L'auteur même prend bien soin de nous indiquer comment il a été amené à s'occuper de ce sujet. Nous avons déjà mentionné ce détail, reproduit la table des chapitres et indiqué les fers les plus employés (Voy. *Fiaschi*).

De Foubert, traducteur du Traité d'équitation de l'Anglais Markham, consacre, à la fin, 22 chapitres sur les diverses manières de ferrer et de conserver le pied des chevaux. Une planche, qui a beaucoup d'analogie avec celle du traité de Fiaschi, représente plusieurs fers normaux et pathologiques. Une autre reproduit les instruments dont se servaient les maréchaux pour ferrer et soigner les chevaux.

XII.

Pour terminer, je signalerai un document dont nous avons oublié de parler à propos de la médecine vétérinaire en France.

A la page 221 du *Catalogue des actes de François Ier* (t. II, n° 4932) on lit ce qui suit : « Don à Charles Lescullier de 100 écus en récompense de son ouvrage touchant la médecine des chevaux dont il a fait hommage au roi, à prendre sur les deniers qui proviendront de la vente de l'un des offices de vendeurs de bétail nouvellement créés en la ville de Rouen. Paris, 30 octobre 1532. »

(Arch. nat. Acquits sur l'Épargne. J. 962, n° 16.)

FIN DU XVIe SIÈCLE,

TABLE DES MATIÈRES

LIVRE DEUXIÈME

12398-10. — CORBEIL. Imprimerie CRÉTÉ.

HISTOIRE DE LA MÉDECINE VÉTÉRINAIRE

PAR

L. MOULÉ

FASCICULES PARUS

1er Fascicule. — Histoire de la Médecine vétérinaire dans l'antiquité.
Paris, 1891, in-8, 200 pages.

2e Fascicule. — Histoire de la Médecine vétérinaire au moyen âge. PREMIÈRE PARTIE : La Médecine vétérinaire arabe.
Paris, 1896, in-8, 125 pages.

3e Fascicule. — Histoire de la Médecine vétérinaire au moyen Age. DEUXIÈME PARTIE : La Médecine vétérinaire en Europe.
Paris, 1900, in-8, 178 pages.

4e Fascicule. — Histoire de la Médecine vétérinaire au seizième siècle.
Paris, ASSELIN-HOUZEAU, in-8, 180 pages.

A. RAILLIET et L. MOULÉ. — Histoire de l'École d'Alfort.
Paris, ASSELIN-HOUZEAU, 1908, in-8 colombier de 830 pages, avec 92 figures.

10731-09. — CORBEIL. Imprimerie CRÉTÉ.